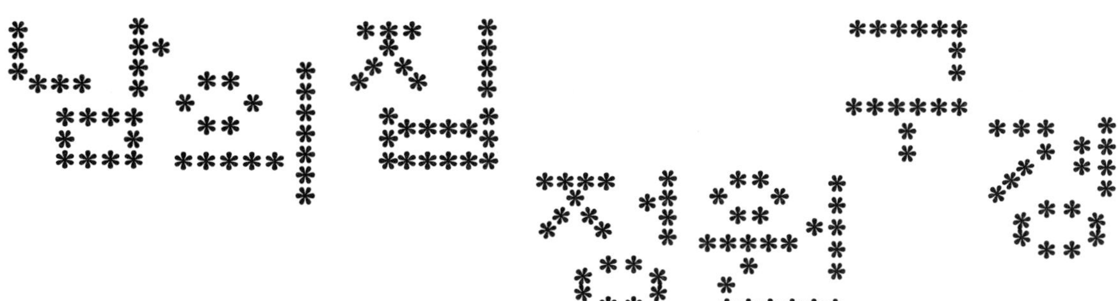

## 남의 집 정원 구경

**사적인 정원 16곳에서 배우는 가드닝 노하우**

**1판1쇄 펴냄** 2026년 3월 25일
**1판2쇄 펴냄** 2026년 4월 7일

**지은이** 박희영(양평서정이네)
**감수** 박원순

**펴낸이** 김경태
**편집** 조현주 홍경화 강가연  **디자인** 박정영 김재현
**마케팅** 정현우 김예은

**사진 제공** 힐가든 16쪽 | 초록가든 62~67쪽 | 째즈폴네 82쪽, 86쪽
| 우드베일리가든 104쪽 (아래), 107쪽 (아래) | 우주당 215쪽
| 솔매음정원 228쪽, 230쪽.

**펴낸곳** (주)출판사 클
**출판등록** 2012년 1월 5일 제311-2012-02호
**주소** 03385 서울시 은평구 연서로26길 25-6
**전화** 070-4176-4680  **팩스** 02-354-4680
**이메일** bookkl@bookkl.com

ISBN 979-11-94374-71-8  03520

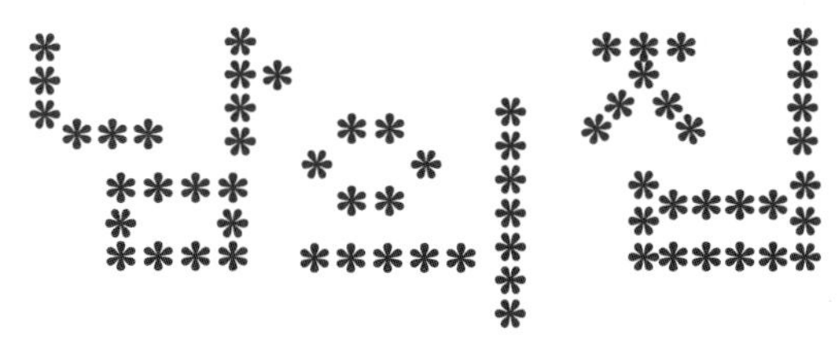

사적인 정원
16곳에서 배우는
가드닝 노하우


박희영＊양평서정이네
지음

# 정원이라는 사적인 일기

평소 동식물과 함께 살기 좋은 공간을 원했던 나는 아이를 낳자 아파트 생활을 더욱 답답하게 느꼈다. 그래서 주말마다 한 뼘의 마당이라도 깃든 '집'을 찾아 헤맸다. 그러던 2011년 겨울, 낯설기만 했던 양평군 개군면의 참나무 울창한 산속에서 비로소 내 집을 지을 터를 발견했다.

집을 지어 이사한 후, 물이 나오는 호스 하나만 쥐어주면 종일 깔깔대며 노는 아이도, 아침에 들리는 새의 노랫소리도, 마당에서 만난 반딧불이도 가슴 벅차게 좋았지만, 예상치 못한 큰 즐거움은 바로 '정원 가꾸기'였다.

50평도 채 안 되는 마당. 식물과 조경에 문외한이었지만, 아이를 어린이집에 등원시킨 후 다시 데리러 갈 시간이 될 때까지 정원 일을 하는 날들이 계속되었다. 어느 주말에는 직접 돌을 사 와서 낑낑대며 날라 빈 마당에 길을 냈고, 여러 초화와 허브, 나무, 그라스 등을 이리저리 심었다가 지나치게 번져져 곤란해하기도 했다.

정원을 가꾸며 마주한 말 없는 식물과의 교감은 경이로웠다. 목마른 듯한 식물에게 물을 듬뿍 주면 이내 방실대며 웃는 것 같았고, 제자리를 찾아 옮겨주면 곧장 새 초록 잎을 틔워 고맙다고 화답하는 듯했다. 그렇게 나는 정원의 매력에 깊이 빠졌다. 매일의 소중한 변화를 SNS에 공유하며, 정원을 아끼는 이들과 귀한 인연도 맺었다. 웹 디자인을 하던 나는 어느덧 정원을 디자인하는 일에 더 긴 시간을 쏟고 있었다.

코로나 19라는 유례없는 전염병이 돌던 어느 날, 남편이 나에게 제안했다.

"이 정원은 희영에게는 일상이지만, 코로나 19로 외출이 어려운 사람들에게는 특별한 위로가 될 수 있지 않을까? 유튜브를 시작하는 건 어때?"

영상을 찍을 카메라를 사 주면 해보겠노라고 짐짓 뻔뻔하게 응수했는데, 남편은 정말 카메라를 선물했다.

산수유 꽃이 노랗게 피기 시작한 초봄. 학교에 가지 못한 아이는 마당에서 흙장난하고, 남편은 새 화단을 일구었으며, 나는 꽃모종을 심고 가꾸었다. 이 소박한 일상을 공유하자 내 채널의 구독자가 천 명에서 만 명으로 늘더니 10만 명을 넘겼다. 나의 작은 정원이 구독자들과 함께 공유하는 정원이 된 것이다.

그러나 일주일에 영상 한 편을 올리겠다는 다짐이 무색하게, 이내 소재가 고갈되었다. 나의 작은 정원은 4월부터 6월까지는 매주 들려줄 이야깃거리가 있었지만, 그 외의 달에는 무엇을 담아야 할지 막막하기만 했다. 고민 끝에 발상을 전환했다.

'우리 집 정원에 찍을 게 없다면, 다른 집 정원을 담으면 어떨까?'

그렇게 기획한 '남의 집 정원 구경' 시리즈는 이웃들의 정원을 담는 것으로 시작했다. 이후 SNS에서 감탄하며 지켜보던 분들의 정원을 방문하며 촬영을 이어 나갔다. 이 시리즈는 금세 채널의 '효자 콘텐츠'로 자리 잡았고, 120만 회 이상의 조회 수를 기록하는 영상이 나올 만큼 뜨거운 사랑을 받았다. 덕분에 나는 경상북도 봉화군에서 전라남도 순천시에 이르기까지, 전국의 아름다운 정원을 누빌 수 있었다.

여러 상업 시설에서 정원 소개 요청을 받기도 했지만, 정중히 사양했다. '남의 집 정원 구경'에 소개할 정원을 선정하는 나름의 기준이 있기 때문이다. 가장 중요한 건 정원주의 손으로 가꾼 정원이어야 했다. 규모가 작든, 식물 수가 적든, 그것은 중요하지 않았다. 정원주의 애정과 노력, 이야기가 듬뿍 담긴 곳이라면 기꺼이 찾아갔다.

우리나라는 아파트에 거주 비중이 압도적으로 높아서 주택 중심의 국가들에 비해 정원 문화가 상대적으로 덜 발전한 편이다. 하지만 이 시리즈를 시작하고 마주한 것은 전국 곳곳에 숨어 있는, 감탄이 나올 만큼 개성 넘치고 아름다운 정원들이었다. 덕분에 나는 한국의 다채로운 정원을 실컷 구경하고 다니는 행복한 정원사가 되었고, 그때마다 새로운 깨달음과 영감도 한가득 얻을 수 있었다.

출판사 클로부터 '남의 집 정원 구경' 시리즈를 책으로 내자는 제안을 받았을 때, 나처럼 정원을 가꾸는 분들은 물론, 식물을 사랑하는 분들께 즐거움과 정보를 드릴 수 있을 거라는 생각에 신이 났다. 영국이나 일본 같은 가드닝 강국뿐만 아니라 우리나라에도 정성껏 일군 '사적인 정원'이 이토록 많다는 사실도 세상에 알리고 싶었다. 그 마음을 담아 오랜 시간 공을 들여 영상을 글로 차근차근 정리했고, 정원 평면도도 서툰 솜씨이지만 현장에 가본 내가 그리는 게 좋겠다는 판단으로 직접 그렸다.

정원을 가꾸며 흙을 만지는 동안, 나는 자연을 한층 깊이 아끼고 사랑하게 되었으며, 몸과 마음이 치유되는 귀중한 경험을 했다. 이 책 《남의 집 정원 구경》에 담긴 이야기와 사진이 여러분을 정원이라는 세계로 한 걸음 다가가게 하는 계기가 되기를 바란다.

오롯이 정성을 쏟아 가꾼 정원을 선뜻 공개해준 정원주들께 감사하다는 말씀을 드리고 싶다. 그분들 덕분에 이 책을 펴낼 수 있었다. 식물을 잘 키우는 재주를 물려준 나의 '그린 섬(Green Thumb)', 천국에 계시는 최선애 할머니께 깊은 감사를 드린다. 묵묵히 정원 일을 도우며 든든한 버팀목이 되어 준 완벽한 조력자, 남편 김창욱에게도 고마움을 전한다. 마지막으로 유튜브 채널에 자신의 이름을 쓰게 해준 나의 사랑스러운 딸 서정아, 고마워!

2026년 봄
'양평서정이네' 박희영

5

**일러두기**

- 이 책의 국내 식물명과 학명은 〈국가표준식물목록〉(nature.go.kr/kpni)을 최우선 기준으로 하여 정리하였습니다.
- 〈국가표준식물목록〉에 등재되지 않은 경우, RHS Plant Finder, Kew‒Plants of the World Online(POWO), World Flora Online(WFO) 등을 참고하여 교차 확인하였습니다.
- 정명(국명·학명)이 유통명과 비교하여 독자에게 다소 낯설 수 있는 경우에는 유통명이나 익숙한 이름을 괄호 안에 쓰거나 본문에 풀어서 설명하였습니다.
- 학명은 정명(accepted name)을 기준으로 표기하고, 품종명은 작은따옴표(' ')로 표기하였습니다. 더불어 학명 표기 시 명명자는 생략하였습니다.
- 각 정원이 위치한 지역과 규모는 장의 도입부에서 확인할 수 있습니다.
- 이 책의 평면도는 정원 구조와 전반적인 모습에 대한 이해를 돕기 위한 것으로 정확한 축적을 반영한 것이 아닙니다.
- 이 책의 외국어와 외래어는 국립국어원의 외래어 표기법을 기준으로 하였습니다, 다만 관용적인 표기나 식물명은 예외로 한 경우도 있습니다.

# 차례

# 1

*June, summer*

2021년 6월 ▶ 충청북도 음성군 ▶ 대지 120평

# 힐가든

## 꽃이 춤추는 정원

음성에 아늑하게 자리 잡은 주택. 그동안 가본 정원 중에서도 손꼽힐 만큼 정말 많은 꽃이 덩실대며 피어 있다. 이렇게 다양하고 황홀하며 아름다운 꽃들이 가득한 비결이라면, 겨울 동안 집 안에서 열심히 씨앗을 틔워 새싹을 키운 후 파종한 것이라고 할 수 있다. 힐가든 지기는 월요일부터 금요일까지 낮에는 회사로, 퇴근 후에는 정원으로 출근한다. 초면인 아름다운 꽃들을 보니 '탐욕의 정원주'가 내 안에서 꿈틀댄다. 아, 나도 저 꽃 심고 싶은데!

# 힐가든 평면도

앵두나무
집
데크
흰 장미
베르가못
풀협죽도
톱풀
클레마티스
장미 '안젤라'
일본붓꽃
가우라
림난테스
천인국
더글라시이
진홍토끼풀
천수국
베르바스쿰
물망초
콘솔리다 아자키스
장미 '라리사'
창고
온실
블루베리

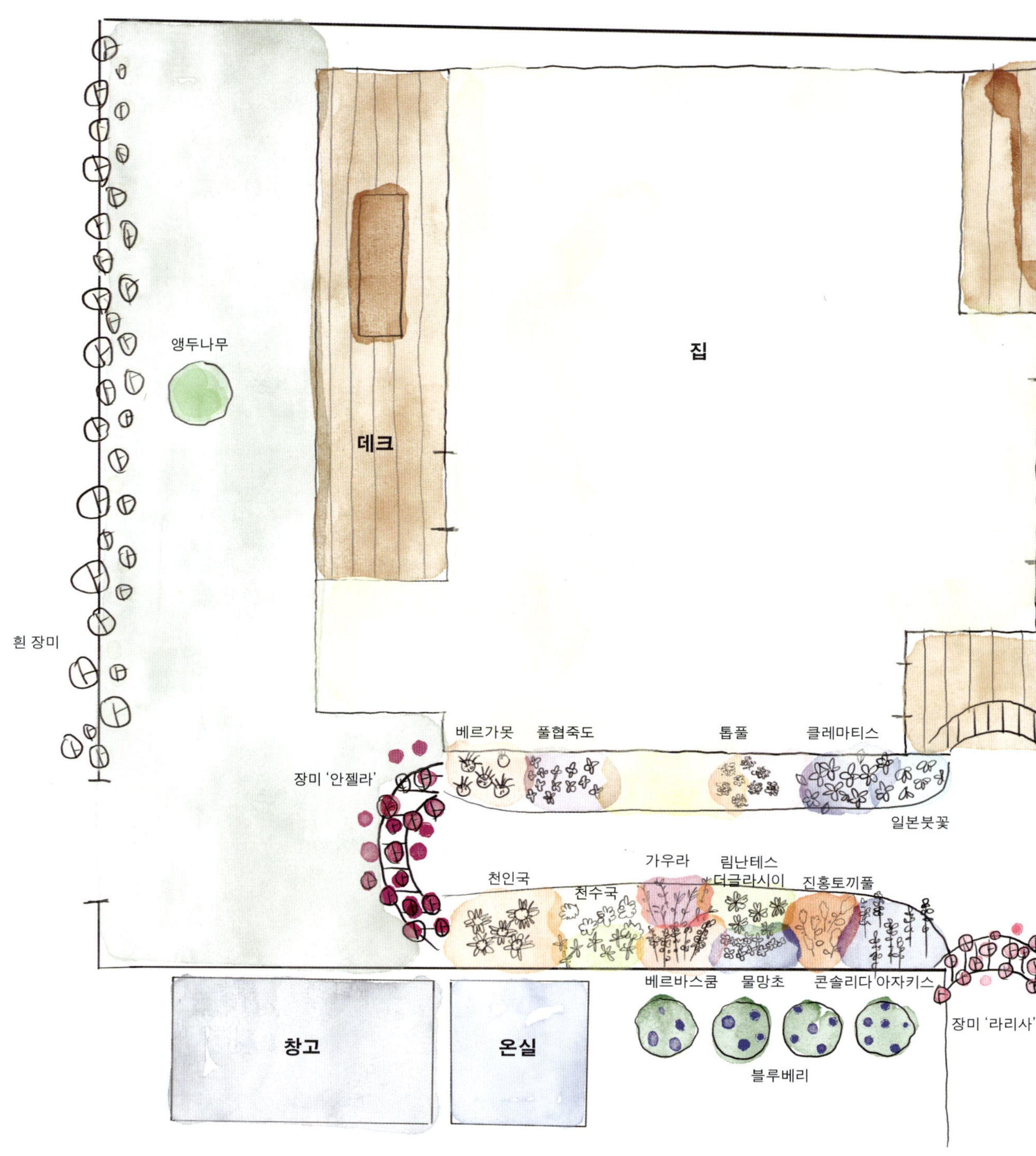

밤나무
으아리
양벚나무
앵두나무
나리
샤스타데이지
좁쌀풀
벤치
서부해당화
나리
펜스테몬
장미 '피아노'
장미 '샬롯'
알라타꽃담배
자주천인국
미국수국 '애나벨'
디기탈리스
바위
다알리아
호접초
나팔담배꽃
나무수국
아스틸베
휴케라
고로쇠나무
수국 존
겹 자주천인국
로단세
백일홍
찔레꽃
장미 '빙고 메이디랜드'
에린기움
장미 '스칼렛 메이디랜드'
벤치
텃밭

16

**희영  진입로 입구가 안젤라 장미 아치로 시작하네요.**
겨울을 잘 못 났는지, 장미 가지 대부분이 죽어서 너무 속상해요. 지난해에는
정말 환상적이었거든요.

안젤라는 독일 코르데스(Kordes Söhne)가 1984년 출시한 덩굴장미다. 성장세가
좋아서 심은 뒤 1~2년이면 제법 존재감이 강해진다. 5월 말~6월 초에
만개하면 작은 스프레이 장미가 공간을 가득 채운다. 흑점병에 약하고
연속개화성이 좋지 않지만, 추위에 매우 강한 데다 5월에는 이만한 장미가
없어서 인기가 여전하다.
아치를 지나 집으로 들어가는 진입로 양쪽에 꽃이 정말 많다. 왼쪽으로는
베르가못, 풀협죽도(숙근플록스), 오른쪽으로는 천인국 등이 먼저 보인다.

천인국은 봄부터 개화를 시작해서 늦가을까지 꽃이 계속 펴요.
**희영  꽃도 오래도록 피고 여러해살이인 데다 예쁘다니! 천인국은 '효자 꽃'이네요.**
**크림색으로 핀 꽃들은 '마리골드'라고도 불리는 천수국 맞죠?**
크림색이 마음에 쏙 들어서 다른 쪽에 핀 꽃의 씨를 훑어서 뿌렸는데, 잘
피었어요.
**희영  저는 노란색, 주황색 천수국만 봤지, 크림색 천수국은 오늘 처음 봐요. 색만 달라도**
**이미지가 다르네요.**
저도 크림색 천수국이 색이 고급스러워서 좋더라고요. 다만 개화기간은 긴데
겨울은 못 나요.

'효자 꽃'의 반열에 들기 위해서는 기본적으로 천인국처럼 겨울도 나야
하고, 개화기간도 길어야 한다. 정원주와의 대화에서 '효자 꽃'이라는 단어가
나왔다면 메모했다가 키워보기를. 그런 의미에서 키가 큰 여름꽃인 베르가못은
잘 번져서 작은 정원에는 불청객이지만, 넓은 정원이나 척박지에는 효자다.
더불어 여러해살이 식물인 풀협죽도는 개화기간도 길고 꽃의 색도 솔리드부터
그러데이션까지 다양하다. 꽃이 진 후 잘라주면 서리가 내릴 때까지 계속해서

꽃이 핀다.

크림색 천수국 뒤로는 하늘하늘한 노란 사계코스모스가 보인다. 작고 앙증맞다고 얕보면 안 된다. 사계코스모스는 생명력이 정말 강하다. 실제로 힐가든 지기가 나에게도 포기나눔을 해주어 우리 집 정원 벚나무 아래에 심었는데, 무슨 꽃을 심어도 잘 안 되던 그 자리에서 월동도 하고 꽃도 계속 피워냈다. 사계코스모스 너머로 가우라와 노란색의 키가 큰 베르바스쿰이 보인다. 베르바스쿰은 색상이 다양해서 나도 좋아하는 꽃이지만, 노란색은 이번에 처음 봤다. '처음 보는 꽃' 퍼레이드의 시작.

**<u>희영</u> 노란색 베르바스쿰은 오늘 처음 봐요.**

키운 지는 오래됐어요. 이 베르바스쿰도 겨울을 나고, 봄에 다시 꽃을 피운 거예요. 그리고 씨가 떨어져서 번식도 하더라고요. 그 옆에 가우라도 월동했어요.

'웨딩찔레'라고도 불리는 장미 '빙고 메이디랜드'.

**희영  저희 집 정원에 있는 가우라는 월동한 적이 없는데!**

가우라는 가지를 잘라서 땅에 꽂아(삽목)만 놔도 잘 살잖아요. 씨가 떨어져도 잘
올라오고요. 작년에는 꽃 색이 더 선명했는데, 올해는 좀 흐리네요.

같은 동네에 살며 같은 꽃을 키워도, 어느 집은 겨울을 나고, 어느 집은
겨울을 못 나는 일이 식물 세계에서는 흔하다. 그래서 정원 꾸미기는 내
정원만의 경험과 통계가 필요하다. 위치부터 일조량, 땅의 성질, 강수량과 겨울
추위까지, 수많은 변수에 의해 좌지우지된다. 하지만 그런 이유로 더욱 도전
의식이 생기는 즐거운 일이기도 하다. 진입로에는 아직도 소개할 꽃이 많다.
소박하면서도 귀여운 진홍토끼풀(크림슨클로버)부터 델피니움과 많이 헷갈리는
콘솔리다 아자키스(락스퍼), 연보라 그러데이션이 아름다운 일본붓꽃, 기둥을
따라 선 클레마티스까지.

**희영  진홍토끼풀도 그렇고, 처음 보는 식물을 많이 구경하네요.**

진홍토끼풀은 키운 지 3년 정도 됐는데, 여러해살이지만, 한 해에 한 번 피고,
개화기간이 특별히 길지는 않아요.

**희영  잎이 사랑스러워서 지피용♦으로도 좋겠어요. 저, 일본붓꽃도 처음 봤어요.**

잘 알려진 독일붓꽃보다 늦게 펴요. 그래서 독일붓꽃이랑 일본붓꽃을 같이
심으면 오래도록 붓꽃을 즐길 수 있어요.♦♦

**희영  일본붓꽃 왼쪽 기둥에 클레마티스가 있네요.**

클레마티스는 씨방이 말라도 예쁘고, 늦가을에 서리 맺힌 모습도 참 근사해요.

♦ 지피식물(ground cover)이란, 땅을 덮어서 잡초가 자라지 않게 하는 식물을 말한다. 보통 키가
작고 잎이 땅 위로 꽉 찬 식물이며, 백리향, 클로버, 맥문동 등이 있다.

♦♦ 좋아하는 꽃을 오래 즐기고 싶다면 두 가지 방법이 있다. 첫번째는 15일 간격으로 파종하여 순차
적으로 피는 꽃을 감상하는 방법이다. 두번째는 같은 종류의 식물 중 개화기간이 다른 걸 섞어 심어
서 관조하는 방법이다. 예를 들어 튤립은 개화시기에 따라 초생, 중생, 만생으로 나누는데, 이걸 파
악해서 섞어 심는다면 꽃이 피는 시기가 다르므로 오래도록 튤립을 즐길 수 있다. 예쁜 꽃을 오래오
래 보고 싶은 가드너들의 꼼수!

진입로를 지나 메인 정원으로 간다. 화단 자리를 남기고 모두 데크로 정리한
메인 정원은 발을 딛자마자 감탄이 나왔다. 족히 백 종은 넘어 보이는
형형색색의 꽃들이 이 화단 저 화단에 서로 다른 크기로 피어 있다.
원래 메인 정원에는 잔디가 깔려 있었는데, 잔디가 너무 잘 자란 탓에 뱀이
나올까 봐 장화를 신고 다녀야 할 정도였다. 그 스트레스가 너무 커서 공사를
결정했다고 한다. 잔디는 보기에 좋지만, 여름에는 일주일에 한 번씩 깎아야
하고, 그사이 잡초 관리도 해야 한다. 그래서 정원생활자와 잔디는 애증의
관계라고 할 수 있다.

**희영** 세상에! 여기 데크 화단이 환상적인데요. 메인 정원 중앙에 있는 네모난 화단은
데크를 깔 때 새로 만드신 거예요?

아니에요. 데크를 깔기 전에는 동그란 화단이었는데, 그 모양으로는 못 살려서
네모난 화단으로 바꿨어요.

작은 종 모양 꽃이 가득 달린 키가 큰 디기탈리스가 여러 색 촛대처럼 화단을
채웠다. 그 아래로는 노란색 림난테스와 파란색 네모필라가 섞여서 옹기종기
피어 있다. 모두 2월에 파종해서 키웠다고 한다.
메인 화단과 집 사이에 만든 화단에서 처음 보는 흰색과 연핑크색 꽃이 눈에
띄었다.

**희영** 별 모양 같은 꽃들은 뭐예요?

이건 알라타꽃담배(니코티아나)라는 꽃인데요, 화분에도 심고 노지에도
심었어요. '미니'라고 해서 샀는데, 크는 걸 보니 모르겠어요. 자연 발아는 잘
되더라고요. 비에 약하기는 한데, 그때만 지나면 서리 내릴 때까지 꽃을 계속해서
피워요. 예전에 체코 프라하에서도 봤는데, 추운 날씨에도 피었더라고요.

**희영** 겹 에키네시아(이하 자주천인국)도 있네요. 이건 겨울 잘 나죠?

네. 여름꽃이라 지금부터 쭉 피는데, 겨울도 잘 나요. 그런데 신기한 게 씨가

떨어져 큰 건 홀으로 핀다고 하더라고요.♦

정원이 있다면 자주천인국을 모르는 사람은 거의 없을 것이다. 키가 크고
존재감이 확실한 여름꽃으로 색과 모양도 여러 가지고, 심고 나서 한 해만
묵으면 굉장히 풍성한 꽃을 피운다. 데크 위 화단에는 샬럿, 해피 피아노 등
장미도 있다. 해피 피아노는 동그랗게 꽉 찬 컵이 아름다운 독일 장미로 피아노
시리즈 중 하나다. 세계적으로 인기 있는 품종이지만, 우리나라에서는 키우기
쉽지 않다. 피아노 장미는 색에 따라 레드 피아노, 레몬 피아노 같은 사랑스러운
이름으로 불린다. 그 옆에는 정말 보기 드문 코랄색 펜스테몬도 자리했다.

**희영 어머, 체리나무가 있는 화단 가장자리에 작은 흰색 꽃이 핀 덩굴은 뭐예요?**
저건 으아리예요. 키우던 중 올해 제일 많이 폈네요. 구석자리에 샤스타데이지랑
같이 퇴출된 노란 꽃은 좁쌀풀이고요. 예쁘죠? 꽃도 잘 피는데, 너무 잘 번져요.
**희영 예쁜데 잘 번지면 좋은 거 아닌가요?**
그렇기도 한데, 다른 식물들이 못 살게 되니까. (웃음)

베르가못과 마찬가지로 샤스타데이지와 좁쌀풀처럼 너무 잘 번지는 꽃들은 뭘
심어도 잘 안 크는 척박한 곳에 심는다거나 넓은 공간을 채워야 할 때 활용하면
좋다. 식물은 어디에 있는지에 따라 심술쟁이가 되기도, 세상에 둘도 없는 귀한
꽃이 되기도 한다. 사람도 마찬가지일까?
벤치와 바위를 지나 오른편으로 노란색 꽃술에 흰 꽃잎이 매력적인 특이한
꽃이 보여 물었다.

**희영 이건 뭐예요?**
이 꽃은 호접초(스키잔서스)라고 해요. 이것도 겨울에 파종했는데, 딱 한 포기만
성공했어요. 그 뒤에 있는 긴 줄기에 나팔꽃 닮은 하늘하늘한 붉은 꽃은

---

♦  겹꽃들은 개량종이 많아 씨가 떨어져 크면 홑으로 피는 경우가 많으므로 자연적으로 수가 늘겠
거니 기대하면 안 된다.

나팔담배꽃이에요. 마찬가지로 파종한 건데, 파종한 해에 이렇게 풍성하게 꽃이
피는 게 정말 신기해요.

**희영** **뒤에 있는 다알리아랑 색이 비슷한데 같이 있으니 더 아름답네요.**

텃밭으로 나가는 길에 놓인 화분 위에 바삭거리는 질감의 핑크색 로단세가
보인다. 해가 안 나서 봉오리로 있지만, 화원에서 보는 모종과 달리 키가 크다.
이 꽃도 겨울에 실내에서 모종판에 씨를 심어 발아시킨 후 정원으로 옮겨서
키웠다고 한다.
정원에서 꽃을 키우는 방법은 크게 두 가지가 있다. 꽃 가게에서 작은 모종을
사서 심는 것과 씨를 심어 키우는 방법. 힐가든에 있는 식물은 대개 씨를 심어
싹을 틔우는 파종을 통해 키운 것이다. 파종 방식으로는 꽃이 클 땅에 직접
씨앗을 심는 '직파종'과 물에 묻힌 솜에 씨앗을 얹어 싹을 틔우는 '솜파종'이

있다. 물론 모종판에 씨앗을 심어 키우는 '모종판 파종'도 보편적이다. 흔히
아는 백일홍이나 코스모스는 '직파종'을 해도 발아가 잘 되지만, 호접초나
나팔담배꽃처럼 특이한 꽃들은 '솜파종'이나 '모종판 파종' 등으로 정성 들여
키워야 한다.

파종은 타이밍도 중요하다. 노지로 옮겨 심었을 때 식물이 잘 적응할 수 있는
계절을 고려해서 계획해야 한다. 봄꽃은 겨울에 따뜻한 실내에서, 여름과
가을 꽃은 봄에 실외에서 파종하면 된다. 예를 들어 가을 코스모스는 겨울에
파종하여 봄에 노지에 내보내는 것은 너무 이르다. 설명만 보면 어려울 것
같지만, 씨앗 봉투 뒤에 파종 시기와 온도가 자세히 나와 있으니 그것을
참고하여 심으면 누구나 할 수 있다.

뒤돌아보니 집 쪽 화단은 수국이 가득한 '수국 존'이다. 흰색 애나벨, 루비

애나벨, 내한성◆ 좋은 엘에이 드림인 같은 수국 종류가 주를 이룬다. 힐가든
지기는 요즘 수국에 꽂혔다고 말한다.

장미가 지고 나면 수국이 배턴 터치 하잖아요. 그런데 뭐 하나 심으려면 자리를
또 만들어야 하니까 그것도 전쟁이에요. 결국 원래 있던 소나무를 잘라내고
자리를 만들었어요.

'수국 존'에서 다시 텃밭으로 향하는 길을 본다. 길 초입에 작고 사랑스러운
라리사 장미가 가득하다. 그 옆 나무 울타리에는 분홍빛 찔레꽃이 잔뜩 피어
있다. 울타리를 따라 시선 끝으로 딸들이 어릴 때 타던 핑크색 자전거와 민트색
의자가 보이고, 5년 정도 키운, 선명하게 붉은 스칼렛 메이디랜드 장미가
연출된 것처럼 엎혀 있다.

* * *

힐가든에 도착했을 때 힐가든 지기의 언니는 그를 가리켜 '꽃에 미쳤다'라고 했다. 웃으며 들었
지만 실제로 힐가든은 그 '미침'의 결과물이었다. 새로운 꽃을 찾고, 겨우내 성심을 다해 싹을
틔우고, 봄이 되면 알맞은 곳으로 옮겨 키워낸 열정. 이 열정이 더해진 정원은 차례대로 피어
나는 수많은 꽃으로 가득하다. 얇은 빗발이 날린 두 번의 촬영마다 힐가든 지기는 별거 없다고
말하며 뜨끈한 솥밥에 삼겹살과 맛있는 반찬을 정성껏 차려주곤 했다. 무심한 듯 말하지만 친
절한 힐가든 지기에게 나도 모르게 성큼 마음이 향했다. 힐가든의 꽃들도 나처럼 힐가든 지기
의 마음에 답하고 싶은 게 아닐까. 올해 그는 어떤 꽃들을 파종하고 있을까? 다음 정원 계획을
위해 슬쩍 연락해야겠다.

◆  식물이 추위를 견디는 능력. 추위를 잘 견딜수록 내한성이 좋다고 표현한다.

# 힐가든 식물들

| 이름 | 학명 또는 품종명 | 참고 |
| --- | --- | --- |
| 장미 '안젤라' | *Rosa* 'Angela' | 독일 코르데스의 덩굴장미. 꽃은 작고 선명한 분홍색이며 플로리분다 계열로, 5~6월에 한 번만 개화한다. 수세(樹勢)가 정말 좋다. |
| 베르가못 | *Monarda didyma* | 6~8월에 장식 술처럼 예쁜 꽃이 핀다. 주변으로 잘 퍼지기 때문에 협소한 곳에 심을 땐 고민해봐야 한다. |
| 풀협죽도(숙근플록스) | *Phlox paniculata* | 여러해살이 여름꽃. 개화기간에는 진 꽃을 자르면 그 자리에 다시 꽃이 핀다. 색상이 다양하니 꼭 심어보기를. |
| 천인국 | *Gaillardia pulchella* | 노란색과 붉은색이 섞여 있는 꽃잎이 강렬해서 정원에 포인트를 줄 수 있다. |
| 천수국(마리골드) | *Tagetes* spp. | 잘 알려진 노란색 외에도 여러 색이 있다. 여름부터 가을까지 아름답다. 향이 강해서 정원에 심으면 해충을 막는 데 도움이 된다. |
| 가우라 | *Gaura lindheimeri* | 여름부터 가을까지 핀다. 기다란 가지에 나비 닮은 꽃이 달리는데, 자리를 꽤 차지하니 여유를 두고 심어야 한다. |
| 베르바스쿰 | *Verbascum* spp. | 키가 크며 줄기를 따라 꽃이 오밀조밀하게 핀다. 겨울도 잘 나고 색상도 여러 가지다. |
| 진홍토끼풀 | *Trifolium incarnatum* | 꽃 모양은 강아지풀을 닮아 귀엽고, 이름처럼 매우 짙은 빨간색 꽃이 핀다. 여러해살이지만 개화기간은 짧은 편. |
| 콘솔리다 아자키스 (락스퍼) | *Consolida ajacis* | 키가 크고, 푸른색 꽃이 인상적이다. 따뜻한 기후를 선호하며 겨울을 나지는 못한다. 물을 좋아하지만 건조한 땅에서도 잘 버티는 편이다. 섭취 시 독성이 있어서 아이, 개, 고양이와 산다면 주의해야 한다. |
| 일본붓꽃 | *Iris japonica* | 독일붓꽃에 비해 개화가 늦다. 따라서 독일붓꽃과 함께 심는다면 붓꽃을 길게 감상할 수 있다. |

| 이름 | 학명 또는 품종명 | 참고 |
| --- | --- | --- |
| 클레마티스 | *Clematis* spp. | 흡착뿌리 없이 올라가는 덩굴식물. 격자 모양의 울타리 가림막인 레티스에 올리면 봄에 꽃이 펴 정말 아름답다. 꽃은 색과 형태가 다양하지만, 전체적으로 별을 떠오르게 한다. 양지에서 키울 수 없다면 반음지도 괜찮다. 크기와 색이 다른 것을 골라 같이 심어보자. |
| 디기탈리스 | *Digitalis purpurea* | 긴 꽃대에 종을 닮은 꽃이 가득 달려서 화려하다. 배수가 잘 되는 곳에 심는 게 좋다. 섭취 시 독성이 강하므로 아이, 개, 고양이와 산다면 주의해야 한다. |
| 림난테스 더글라시이 | *Limnanthes douglasii* | 흰 꽃잎 중앙에 노란색 무늬가 넓고 둥글게 있다. 모종이 없어서 파종해야 한다. |
| 네모필라 | *Nemophila menziesii* | '블루 아이즈'라는 영문 이름처럼 파란 눈의 요정 같은 꽃이다. 겨울은 못 나지만 씨가 떨어지면 그 자리에서 다시 올라오곤 한다. 시원하고 습한 반그늘에서 잘 자란다. |
| 알라타꽃담배 | *Nicotiana alata* | 장마에도 강한 여러해살이 꽃. 깔때기 끝에 별 모양 꽃이 핀다. 색상이 다양하니 섞어서 심어보기를. |
| 자주천인국(에키네시아) | *Echinacea purpurea* | 대표적인 여름꽃으로 흔히 에키네시아라고 부른다. 색이 다양하고, 꽃잎 중심이 고슴도치처럼 뾰족뾰족하다. 꽃이 지고 나서 묵은 꽃대를 잘라주면 다시 꽃이 핀다. 다년생식물이며 햇빛이 잘 드는 곳에 심는 것이 좋다. |
| 장미 '샬럿' | *Rosa* 'Charlotte' | 관목장미. 꽃이 크고 꽃잎 수가 많으며 연노란색이다. 연속개화성이 좋다. 영국 데이비드 오스틴(David Austin Roses)의 노란색 장미 중 내한성이 특히 강한 편이다. |
| 장미 '피아노'(해피피아노) | *Rosa* 'Piano' | 만두처럼 속이 꽉 찬 화형으로 유명한 독일 장미다. 키우기 쉽지 않지만, 그만큼 보람을 느낄 만한 미모다. |
| 펜스테몬 | *Penstemon* spp. | 자엽펜스테몬이 유명하다. 키가 크고 씨방마저 보기 좋다. 꿀벌과 나비가 사랑하는 밀원식물이다. |

| 이름 | 학명 또는 품종명 | 참고 |
| --- | --- | --- |
| **으아리** | *Clematis mandshurica* | 잘 알려진 클레마티스와는 달리 아주 작은 흰색 꽃이 가득 피는 소박하면서도 귀여운 덩굴식물이다. |
| **샤스타데이지** | *Leucanthemum × superbum* | '데이지' 하면 떠오르는 달걀프라이 닮은 봄꽃. 여러해살이풀로 꽃은 이른 여름부터 가을까지 핀다. 긴 줄기 끝에 꽃이 한 송이씩 피므로 포기 단위로 심는 게 보기 좋다. 씨앗을 뿌리거나 늦가을에 포기나누기를 하여 번식시킬 수 있다. 단, 잘 번지므로 신중하게 심어야 한다. |
| **좁쌀풀** | *Lysimachia vulgaris var. davurica* | 작은 노란색 꽃이 가득 피는 흔치 않은 야생화다. 잘 번지므로 심기 전에 신중하게 고민해보자. |
| **호접초** | *Schizanthus pinnatus* | 모종이 없어 파종해서 키워야 한다. 긴 줄기에 화려한 꽃이 가득 핀다. 봄까지 즐기기 좋은 꽃이다. |
| **나팔담배꽃** | *Salpiglossis sinuata* | 힐가든에서 처음 본 흔치 않은 꽃. 꽃잎은 질감이 벨벳 같고, 바탕색과 대조되는 선명한 색의 줄무늬가 있어 매력적이다. 장마에 약하다. |
| **다알리아** | *Dahlia pinnata* | 봄에 심어 여름과 가을에 꽃을 피우는 춘식구근(春植球根)으로, 존재감 있는 커다란 꽃이 아름답다. 여름에 과습만 조심하면 서리 내릴 때까지 계속해서 큰 꽃이 핀다. |
| **로단세** | *Rhodanthe manglesii* | 키가 작은 것과 큰 것 등 여러 종류가 있다. 노지에 심으면 가을까지 계속 꽃을 피우지만, 겨울은 못 난다. 꽃잎이 부드러운 습자지처럼 바스락거려서 종이꽃으로도 불린다. |
| **미국수국 '애나벨'** | *Hydrangea arborescens* 'Annabelle' | 스트롱 애나벨이라고 알려진 대표적인 미국수국으로, 일반 나무수국보다 이른 6월에 꽃이 핀다. 꽃이 매우 큰 편이라 3월에 15~30센티미터를 남기고 줄기를 잘라주면, 적당한 크기로 자라서 꽃이 쓰러질 확률이 낮아진다. 꽃은 옅은 흰색으로 펴서 점점 초록색으로 변한다. |
| **미국수국 '루비 애나벨'** | *Hydrangea arborescens* 'Ncha3' (Ruby Annabelle) | 애나벨 이후 개발된 신품종으로 핑크빛 꽃이 아름답다. 의외로 직사광선을 싫어한다. |

| 이름 | 학명 또는 품종명 | 참고 |
| --- | --- | --- |
| **수국 '엘에이 드림인'** | *Hydrangea macrophylla* 'LA Dreamin' | 새로 올라온 가지에서도 꽃이 피는 신품종 수국으로 추위를 잘 견딘다. 토양 산성도에 영향을 거의 받지 않은 채 한 나무에서 두 가지 색 이상의 꽃이 핀다. |
| **장미 '라리사'** | *Rosa* 'Larissa' | 우리나라에서 인기가 많은 독일 코르데스의 장미. 작고 사랑스러운 분홍색 겹꽃이 모여 피는 플로리분다 계열이다. 양지에서는 늦가을까지 꽃이 핀다. |
| **찔레꽃** | *Rosa multiflora* | 우리나라에서 자생하는 장미과로, 홑장미 모양 꽃이 핀다. 품종 개발이 되어 종류가 많다. 일 년에 한 번, 봄에만 개화한다. |
| **장미 '스칼렛 메이디랜드'** | *Rosa* 'Scarlet Meidiland' | 프랑스 메양(Meilland International)의 덩굴장미로, 뽀득뽀득한 두꺼운 꽃잎을 가진 작고 붉은 장미들이 뭉쳐 핀다. 병충해와 내한성이 좋다. |

# 2

# June, summer

2020년 6월 ▶ 경기도 양평군 ▶ 대지 105평 ▶

# 메이네

## 가드닝 메이트의 정원

70가구가 넘는 양평 전원주택 마을에 있는 메이네는 역대 '남의 집 정원 구경' 촬영지 중 우리 집에서 가장 가깝다! 나는 카메라와 삼각대를 들고 메이네 정원에 당당하게 걸어서 도착했다. 양평에 집을 짓기 전에 식물을 키워본 적 없다는 메이 엄마는 나와 여러모로 취향이 맞아서 이야기가 참 잘 통하는 동네 친구이며 '꽃 쇼핑'도 늘 함께 한다. '저건 좀 촌스럽지 않을까' 했던 색의 꽃들도 그의 정원에서 다시 만나면 '나도 샀어야 했는데'라는 탄식으로 바뀐다. 감각이란 이런 것일까?

# 메이네 평면도

장미 '스칼렛 메이디랜드'
황매화
데크
집
주차장
거실 통창
현관
레몬버베나
가든버베나
유칼립투스 폴리안테모스
자두나무
장미 '안젤라'
페튜니아
장미 '코랄 던'
블루베리
미국수국 '애나벨'
미국수국 '애나벨'
잔디
매실나무
화살나무

**희영** 현관으로 올라가는 데크 계단 양쪽에 놓인 화분들이 눈길을 끓어요.

저희 집 '웰컴 플라워'입니다. 집 앞을 지나는 사람들에게 보이는 곳이 바로 이
계단 쪽이거든요.

**희영** 길을 지날 때 보고 기분 좋으라고 장식했군요. 저도 이 길을 지날 때마다 메이네
꽃을 보면 즐겁더라고요. 사실 제가 이 집에서 가장 부러운 건 바로 파란 차고예요. 차고
앞쪽은 콘크리트를 깔아서 차고에 두 대, 그 앞에도 두 대 이상을 댈 수 있겠더라고요.
저는 집을 지으면서 차고를 안 만들었더니 여름에는 덥고, 겨울에는 춥고, 차도 꽤
더러워지고 참 불편해요.

저나 남편이나 차를 참 좋아해서 처음 집을 지을 때부터 차고를 꼭 만들겠다고
생각했어요. 갓길에 차를 세우지 않기로 한 동네 규칙에 따라 손님이 왔을
때도 편하게 집 안에 주차했으면 했고요. 지나고 보니 차고를 만든 게 가장
만족스러워요.

꽃 쇼핑을 같이 해서 우리 집과 겹치는 식물이 많지만, 같은 식물이라도 심는
곳과 배치가 다르므로 그 모습을 보는 것이 참 재미있다. 출입구 데크를 넓게
내서 정원을 꾸민 메이네와 데크 위 화분들에 관해 이야기를 시작했다.

**희영** 더위가 오기 전에 식물들이 커야 자기 몸으로 그늘을 만들어서 견디는데,
**이번에는 더위가 빨리 와서 상태가 안 좋은 화분들이 있는 거 같아요.**
맞아요. 올해는 유독 일찍 더워져서 식물들이 힘들어하는 게 눈으로 보여요.
기후 변화가 무서운 거라는 걸 가드닝을 하면서 피부로 느끼고 있어요.

정원을 가꾸다 보면 기온, 강수량, 일조량 등에 따라 식물이 죽거나 병드는 게
바로 보여서 기후 변화에 더 예민하게 반응하게 된다. 이때는 몰랐다. 그해가
가장 더운 여름이 아니었다는 것을.

**희영 가든버베나는 한 포트인가요?**

네. 가든버베나는 이제 2차 개화를 끝내고 있어서 정리해줘야 해요. 자두나무
쪽에 있는 레몬버베나는 향이 좋아서 잎을 말렸다가 차로 마셔도 좋아요.

**희영** 제가 버베나 데드헤딩♦ 하는 걸 메이네에게 배웠어요. 시든 꽃을 따줘야 싱싱하게
크더라고요.

작은 꽃들이 귀엽게 피는 가든버베나는 겨울을 못 나지만, 봄부터 서리 내릴
때까지 끊이지 않고 꽃을 피우는 식물이다. 색도 다양하고, 파라솔 모양처럼
흘러내리듯 자라는 것도 있어서 선택하는 즐거움이 있다. 다만 수시로
데드헤딩 해줘야 한다.
데크에는 쨍한 색의 페튜니아 화분, 작은 토분에 담긴 레몬버베나, 유칼립투스
폴리안테모스 등이 보인다. 레몬버베나는 작은 모종을 사서 봄부터 가을까지
땅에 심어 몸집을 키운 뒤 화분으로 옮겨 심어 실내 월동을 시켰다고 한다.
겨울이 지나 정원에 내놓으니 새순이 올라왔다고.
호주가 원산지인 유칼립투스는 봄부터 가을까지 해가 좋은 정원에 심으면 잘
자라지만, 대부분 우리나라에서 겨울을 나지 못한다. 유칼립투스뿐만 아니라
다른 허브를 키울 때도 가장 큰 고비가 바로 겨울나기다. 그래서 메이네는
겨울이 되면 화분에 심은 허브들을 집으로 들였다가 봄이 되면 내보낸다.
데크 앞 화단에 애나벨 수국이 탐스럽게 피었다. 화사한 애나벨은 안젤라
장미와 함께 메이네 정원의 트레이드마크다. 나무수국과 비슷해 보이지만,
애나벨은 동그란 모양의 큰 꽃이 피고, 개화시기도 한 달가량 빠르다.

**희영** 애나벨은 언제 심은 거예요?
재작년 6월 말에 심었어요. 첫해는 꽃도 못 피우고 죽는 줄 알았는데, 다음 해
봄에 싹이 올라오더니 제 손보다 큰 꽃이 피더라고요. 올해는 작년보다 꽃송이가
두 배는 더 늘었고요.

♦ 시든 꽃을 잘라서 새로운 꽃눈이 나오게 하여 빨리 다음 꽃이 피도록 유도하는 작업.

**희영** **애나벨은 개화기간이 어떻게 되나요?**

6월 중순쯤 피기 시작해서 오래도록 있어요. 질 때쯤 되면 꽃이 밑동부터
연두색으로 바뀌고요. 그렇게 하얗게 펴서 연두색으로 가는 게 한 달 정도
걸려요.

페틀 핑크와 푸시아의 중간쯤 되는 색의 안젤라 장미가 데크 위 퍼걸러 기둥을
타고 올라간다. 무서운 기세로 크며 꽃을 피운 안젤라를 우리는 '불 기둥'이라고
부른다.

숲과 바로 붙은 뒷마당에 들어서자 검은색 고무 화분에 풍성하고 빨간 장미가
다글다글 피어 있다. 스칼렛 메이디랜드라는 작은 겹꽃의 스프레이♦ 장미다.
울창한 초록 숲과 붉은색 장미의 조화가 눈부시게 아름답다.

**희영** **꽃 크기가 안젤라보다 작네요.**

스칼렛 메이디랜드는 꽃 크기가 작아서 가지 처짐도 덜 하고, 꽃잎도 약간
뻣뻣해서 꽃이 오래 가요.♦♦

**희영** **뒷마당인데도 잘 크네요?**

아침에 해 뜰 때 잠깐, 오후 2~3시 이후에 다시 잠깐 해가 드는 자리라서, 다른
장미를 심었을 때는 꽃이 안 폈어요. 그런데 이 장미는 꽃을 피우더라고요.

이날 처음 본 스칼렛 메이디랜드가 신기해서 한번 만져봤는데, 작은 장미
꽃잎이 뽀드득거렸다. 꽃잎이 수백 장 있는 장미보다 개화기간이 더 긴 비밀이
이것이었겠다 싶은 신기한 질감.

햇볕이 잘 드는 곳과 적게 드는 곳에 장미를 나누어 심으면, 햇볕이 잘 드는
곳의 장미가 먼저 피고, 적게 드는 곳은 그다음에 피기 때문에 상대적으로
오래도록 장미를 즐길 수 있다. 다만 햇볕을 많이 받아야 하는 종류도

♦  한 줄기에서 여러 개의 작은 꽃이 뭉쳐서 피는 것을 말한다.

♦♦ 뻣뻣한 느낌인 꽃잎은 대부분 두꺼워서 비를 잘 견딘다. 반면 부드러운 느낌인 꽃잎은 습자지처
럼 얇은 편이라 비에 약하다.

화분에 심은 장미 '레이디 오브 샬럿'.

있으므로 이 부분을 고려해야 한다.

다시 앞마당으로 돌아와 집 앞쪽 울타리를 바라봤다. 메이네는 울타리목으로 화살나무를 길게 둘렀다. 봄과 여름에는 화살나무의 초록 잎들이 차폐 역할♦을 하고, 가을에는 어느 단풍보다 붉게 물들어 동네에 운치를 더한다. 또 겨울이면 코르크 같은 화살나무 가지 위에 하얀 눈이 내려앉아 인상적이다. 메이네 정원은 매년 다르게 변한다.

* * *

메이네는 나의 든든한 지원군이다. 집을 짓고 가드닝에 푹 빠진 우리는 봄이면 한 차를 타고 양평에서 양재꽃시장으로 꽃 쇼핑을 다녔다. 좋아하는 꽃은 색깔별로 '드래곤볼'을 모으듯 샀다. 같은 꽃을 좋아하면서도 다른 색을 선택하고, 같은 색 꽃을 사면서도 나름의 방식으로 심었다. 우리는 서로 닮은 만큼 다르기에 경험할 수 있는 즐거움을 나눴다. 애나벨 수국 옆 블루베리가 익어가고, 마당 고양이들과 그네를 타던 메이가 어느덧 중학생이 되었다. 그 눈부신 시간만큼 우리의 우정도 두터워졌다. 가끔 만나도, 굳이 설명하지 않아도 마음이 통하는 사이. 오랜만에 꽃집에 가자고 메시지를 보내야겠다.

---

♦ 숲속에 혼자 있는 집이 아니라면 외부 시선으로부터 집을 적당히 가리는 울타리목은 필수다. 화살나무나 조팝나무 또는 상록수로 울타리를 만들면 자연스럽게 차폐(遮蔽) 역할을 한다.

붉은 화살나무 울타리.

블루베리는 초보도 키우기 좋다.

# 메이네 식물들

| 이름 | 학명 또는 품종명 | 참고 |
| --- | --- | --- |
| **가든버베나** | *Verbena x hybrida* | 겨울을 못 나지만 연속개화성이 좋다. 색상이 다양하고 덩굴형도 있다. 초보자가 키우기에도 알맞은 식물. 알록달록하게 화분에 심어 키우는 걸 추천한다. |
| **레몬버베나** | *Aloysia citrodora* | 잎을 쓰다듬으면 레몬 향이 강렬하게 난다. 겨울엔 집 안에서 월동시켜야 한다. 잎을 말려서 차로 마셔도 좋다. |
| **페튜니아** | *Petunia × hybrida* | '정원 있는 집' 하면 제라늄과 함께 떠올리는 꽃. 나팔꽃을 닮았으며 화분에 심어 놓으면 계속 꽃이 핀다. |
| **유칼립투스 폴리안테모스** | *Eucalyptus polyanthemos* | 유칼립투스 중 가장 잘 알려진 품종. 동그란 녹색 잎과 자주색 가지가 조화롭다. 햇볕 좋은 정원에서 잘 크지만, 겨울 추위에 약해서 집 안에서 월동시켜야 한다(제주도 일부 노지월동 가능). |
| **미국수국 '애나벨'** | *Hydrangea arborescens* 'Annabelle' | 34쪽 참고. |
| **장미 '안젤라'** | *Rosa* 'Angela' | 32쪽 참고. |
| **장미 '스칼렛 메이디랜드'** | *Rosa* 'Scarlet Meidiland' | 35쪽 참고. |
| **화살나무** | *Euonymus alatus* | 가을에 붉게 타오르는 듯한 단풍이 멋진 나무. 코르크 같은 가지가 특징이다. 봄에 돋은 어린순은 나물로 무쳐 먹을 수 있다. |

# 3

# September, summer

# 초록가든

## 흙을 만지는 행복

눈이 시원한 논밭 옆 너른 땅에 작업실과 살림집을 앉히고, 건물 앞에 잔디밭 정원 하나, 계단 아래에 드넓은 정원 하나를 만들었다. 세종특별자치시로 이름이 바뀌기 전부터 이곳에 자리 잡고 있었던 아버지의 땅에, 딸이 집을 지었다. 초록가든 지기는 틀밭을 만들고, 온실을 직접 조립하고, 겨우내 이런저런 꽃의 싹을 틔워 정원을 가꿔갔다. 그렇게 초록가든은 그의 아이들이 자라는 속도만큼 온갖 초화와 허브와 장미로 아름답게 우거진다.

# 초록가든 평면도

큰 길
주차장
주목
별채
콘크리트 담 →
서양측백
장미 '몬 쟈뎅 마 메종'
목련
장미 '로즈 드 톨비악'
매실나무
버들마편초
스카이로켓
살구나무
장미 '라 빌라 코타'
장미 '라이언스 로즈'
장미 '헤라클레스'
장미 화단
다알리아
그린 라이트
서양측백
자주천인국
리아트리스
코스모스
큰꿩의비름
베로니카
플라밍고 페더
가우라
휴케라
야자 매트
미국수국
'애나벨'
작약
텃밭

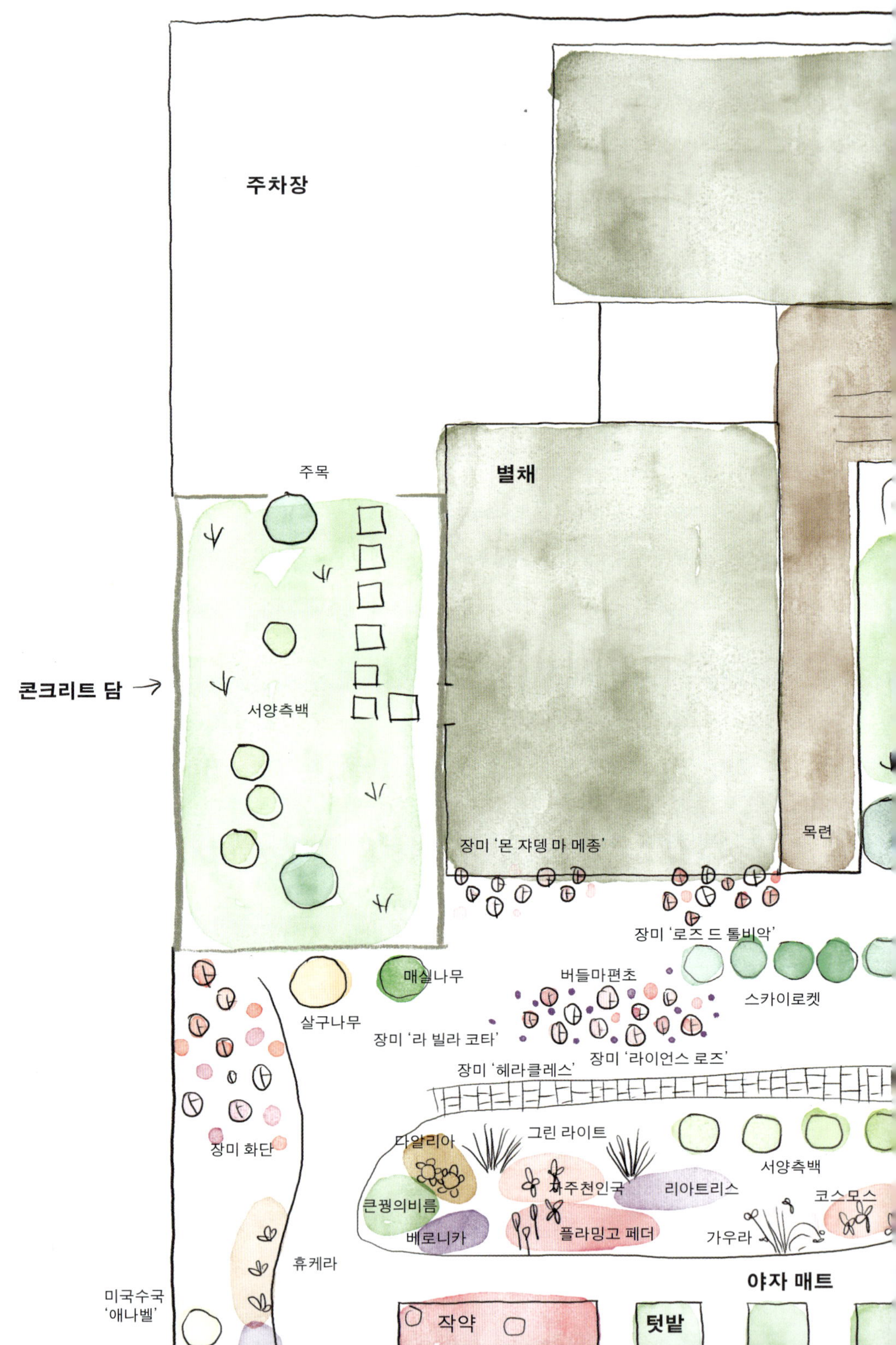

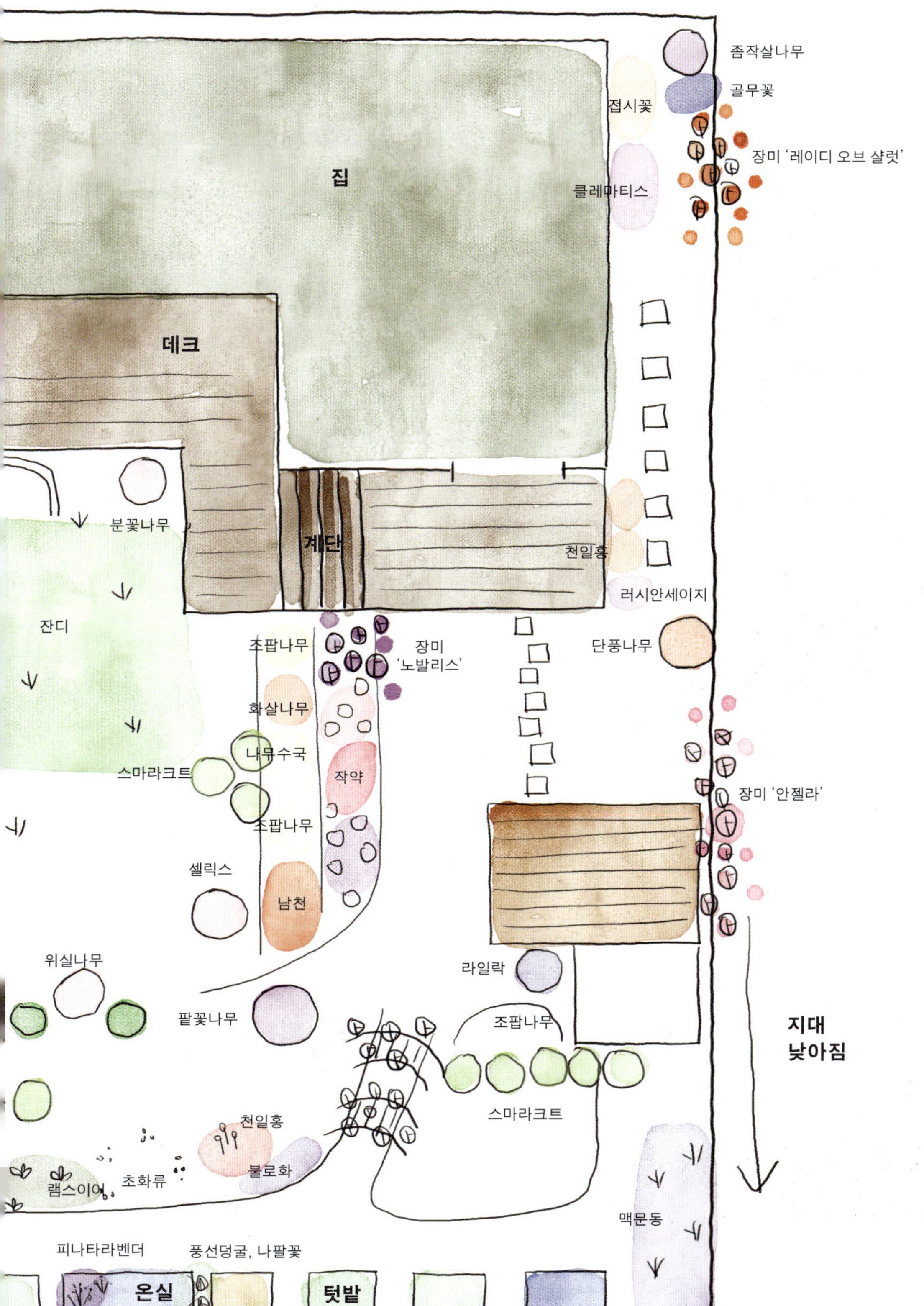

지대 낮아짐
집
온실
텃밭
데크
계단
잔디
접시꽃
클레마티스
좀작살나무
골무꽃
장미 '레이디 오브 샬럿'
천일홍
러시안세이지
단풍나무
장미 '안젤라'
분꽃나무
조팝나무
화살나무
내무수국
스마라크트
조팝나무
작약
셀릭스
남천
장미 '노발리스'
위실나무
팥꽃나무
라일락
조팝나무
스마라크트
천일홍
불로화
초화류
램스이어
맥문동
지대 낮아짐
피나타라벤더
풍선덩굴, 나팔꽃

단차가 있어 아래쪽 정원은 사적인 공간이 되었다.

**희영** 짚 앞에 정원이 하나 있고, 아래쪽에 정원이 또 있는 구조네요.

집 옆에 큰 찻길이 있어서 정원을 설계할 때 외부 시선 차단이 최우선이었거든요. 작업실로 쓰는 별채로 한 번 가리고, 보강토를 쌓아서 집을 정원보다 높게 지었어요. 그러다 보니 단차가 생겨서 두 개의 정원을 갖게 된 거죠.

건물이 있는 위쪽과 아래쪽 정원은 높이 차이가 꽤 난다. 그사이 보강토 옹벽은 수직으로 높게 쌓는 대신 두 단의 계단처럼 만들어서 식물을 심을 수 있는 화단을 조성했다. 위쪽 보강토 화단에는 나무수국과 화살나무, 양쪽 가장자리에는 조팝나무를 심었고, 아래쪽 보강토 화단에는 작약을 가득 심었다.

**희영** 손이 많이 안 가는 나무들을 계절별로 주인공이 될 수 있게 심었군요.

모두 나무들이라 특별히 신경 쓰지 않고, 봄부터 가을까지 즐길 수 있어요. 겨울에는 갈색으로 바뀐 나무수국 위에 눈이 앉아 참 예뻐요.

**희영** 계단 옆 보라색 장미는 뭐예요?

노발리스예요. 가을에는 꽃이 많이 피지 않지만, 향도 좋고 무척 크게 펴요.

**희영** 원래 장미가 가을에는 흑반병으로 깨끗하지 않은데, 노발리스는 잎이 깨끗하고 상태가 엄청 좋네요.

그게 노발리스 특징 같더라고요. 보강토 아래쪽 화단에는 모두 작약인데, 봄에 만발해서 정말 아름다웠어요.

탐스러운 보라색 꽃을 피우는 독일 장미 노발리스는 큰 병충해 없이 건강하게 잘 자란다. 또 독일 장미답지 않게 연속개화성도 좋은 편이라 인기가 많다. 이제 본격적으로 아래쪽 정원 구경을 시작한다. 장미 아치 옆에 쪼르르 심은 침엽수가 눈에 들어온다. 아래쪽이 통통한 서양측백인 스마라크트(에메랄드그린)와 위쪽이 뾰족한 로키향나무인 스카이로켓. 처음에 집을 짓고 초록가든 지기의 키만 한 걸 심었다는데, 벌써 3미터는 족히 넘어 보였다. 침엽 상록수는 차폐 역할을 할 뿐만 아니라, 사계절 잎이 푸르러 유럽

정원 같은 분위기를 만들 수 있다. 스마라크트가 일반적인 초록색이라면
스카이로켓은 거기에 파란색이 섞인 흔하지 않은 초록색이다. 게다가
뾰족뾰족한 수형도 유럽을 배경으로 한 유화 속 나무 같다.
장미 아치와 스마라크트를 지나 아래쪽 정원에 들어서자 나무로 틀을 만든
텃밭이 보인다. 야자 매트를 깐 길 양쪽으로도 꽃이 끝없이 이어져 있다.
늦여름에 피기 시작해서 서리 내릴 때까지 피는 일년초인 보라색 불로화,
자주색과 분홍색 천일홍이 눈길을 사로잡는다.

나올 테면 나와봐라 하는 마음으로 천일홍 씨앗을 막 뿌렸는데, 번식을 잘
하더라고요. 빨간색도 같이 뿌렸는데, 빨간색은 안 나왔어요.
**희영** **빨간색 천일홍이 원래 다른 색보다 어렵더라고요. 그건 잎도 다르게 생겼잖아요.**
천일홍은 귀하게 파종하지 않고 그저 해가 잘 드는 땅에 직파해도 잘 올라오는

꽃이다. 바스락거리는 질감도 좋고, 드라이플라워로 말려도 오래간다. 예전에는 자주색 천일홍이 주로 보였는데, 요즘은 흰색, 분홍색, 빨간색 등 색상이 다양해졌다.

**희영** 여기 온실에는 나팔꽃이랑 풍선덩굴이 올라가고 있네요. 온실과 참 잘 어울려요. 원래는 온실을 다 덮을 계획이었는데, 태풍에 덩굴이 끊겨서 이만큼만 남았어요. 내년에는 태풍에 안 끊어지게 꼭 철끈으로 잘 고정해서 키워보려고요.

**희영** 정원을 돌보는 일은 다 경험인 것 같아요. 태풍에 끊겨봤으니 철끈을 이용할 생각도 하는 거잖아요. 그 옆은 램스이어네요. 이걸 만지면 진짜 토끼 귀 만지는 거 같아요. 램스이어는 겨울도 나죠? 겨울을 난다고 하는데, 올해 심어서 아직 모르겠어요. 사실 이쪽 화단은 올해 잔디를 파서 새로 만들었거든요.

**희영** 원래 잔디는 파일 운명이죠. 꽃 심을 곳을 늘리려면 파야죠. (웃음) 사실 잔디 파는 것만 쉬우면 다 파고 싶은 심정이에요. 그런데 여기는 아이들 노는 잔디 정원이랑 이어져 있어서 더는 침범하면 안 될 것 같아요.

이 화단 위쪽 집 앞에는 잔디가 시원하게 깔려 있고, 두 아들을 위해 풋살 골대가 설치되어 있다. 지금은 마당 가장자리에 나무 몇 그루만 있지만 언젠가 아이들이 자라면 이 잔디 정원도 화단으로 변할지 모른다는 생각이 들었다.

**희영** 온실은 조립식인가요?
네, DIY 제품이에요. 설명서에는 둘이서 네 시간이면 완성할 수 있다고 했는데, 남편이랑 이틀 동안 조립했어요.

초록색 프레임의 온실에 들어서니 온갖 허브 향이 나고, 멋스럽게 펼쳐진 정원용품이 눈에 들어온다. 온실 바닥은 벽돌로 깔았는데, 벽돌이 빠진 자리에는 라벤더와 로즈마리 등을 심어 자연스러웠다.

입구에 있는 라벤더는 피나타라벤더예요. 원래는 월동이 안 되는데, 실험해볼 겸 심어봤어요. 선반 옆에는 잉글리시라벤더, 그 뒤는 로즈마리예요.
**희영** 이 허브들은 온실에 심어서 월동할 수도 있겠어요. 지금도 봄처럼 쌩쌩하게 자라고 있으니 가능성이 있지 않을까요?

선반 위에는 여름에 삽목(꺾꽂이)했다는 노발리스가 보인다. 정원을 만든 지 4년 만에 장미 삽목을 성공했다고 한다. 그 옆 상자에는 땅에서 캐낸 글라디올러스 구근들이 놓여 있다.

**희영**  온실이 있으니 구근도 보관할 수 있어서 좋네요. 채종♦한 씨앗에 맞은편에 놓은 테이블까지, 딱 가드너가 꿈꾸는 공간이라 부러워요.
온실을 보기 좋게 꾸미고 싶었는데, 여기서 작업을 하다 보니 사진으로 보던 것처럼 근사하게만 유지할 수는 없더라고요.

이야기를 나누던 중 목화가 눈에 들어온다. 목화를 키워서 딴 걸 보는 건 처음이라 물었더니, 올해 처음 키워봤다고 한다. 약간 그늘진 곳에 심었더니 벌레가 많이 먹었다고. 자연스러운 아름다움이 있는 온실 구경을 마치고 다시 화단으로 나왔다. 늦은 오후 햇살과 함께 길옆 화단에 핀 꽃들이 반짝인다. 한가득 피어 있는 코스모스가 미소 짓게 한다.
빨간 벽돌로 지은 공방 앞에 심은 스카이로켓 옆으로 보라색 버들마편초가 보인다. 가느다란 줄기 끝에 맺힌 꽃이 바람에 흔들리니 몽환적이다. 버들마편초는 꽃이 지면 씨앗을 떨어뜨려 다음 해에 또 올라오고 개화기간도 긴 편이다. 초록가든 지기가 보송보송한 느낌일 것 같은 흰 꽃 위에 분홍 물감을 한 방울 떨어뜨린 것 같은 식물을 가리켰다.

플라밍고 페더예요. 키워 보니 예쁘기도 하고 자리도 많이 차지하지 않아서 좋아요.
**희영**  버들마편초도 위로 길게 자라서 화단 자리를 크게 차지하지 않고, 플라밍고 페더도 그렇네요. 둘 다 꽃들 사이에 심기도 좋겠어요. 그러고 보니 꽃이 참 많네요.
빨간 다알리아는 지인이 파종해서 나눠준 거예요. 파종한 건 주로 홑꽃으로 나오는데, 가을이 되면서 화형이 좀 변하더니 겹꽃으로 핀 것도 있더라고요.
**희영**  옆에 있는 다알리아랑 교잡이 되기도 하고, 한 뿌리 안에서 여러 색이 나오기도 하잖아요.

집 뒤쪽으로 가니 얼핏 라벤더처럼 보이는 러시안세이지와 클레마티스, 접시꽃 등이 있다. 러시안세이지는 늦가을까지 계속 꽃이 피며, 월동을 하고, 해가 잘

♦  꽃이 피고 그 자리에 씨가 맺히면 잘 영글기를 기다렸다가 씨를 받아 따로 모아두는데, 이를 채종(採種)이라고 한다. 모아둔 씨앗은 원하는 곳에 파종해서 번식시킨다.

드는 곳에서 잘 큰다.

**희영  좀작살나무가 있네요.**

보라색 열매가 아름답죠? 그런데 제가 심은 나무가 아니에요. 작년에 옆집에서
철쭉을 주셔서 심었는데, 철쭉은 안 자라고 이상한 잡초 같은 것만 자라서 다
잘랐거든요. 올해는 이게 뭘까 싶어서 냐뒀더니, 세상에, 좀작살나무더라고요.

**희영  선물 같네요. 좀작살나무는 겨울에도 보라색 열매가 있어서 정말 아름답잖아요.**

맞아요. 열매 색이 정말 고와서 좋아해요. 바닥에 얇게 깔린 식물은
골무꽃이라고 해요.

**희영  저는 처음에 민트인 줄 알았어요. 골무꽃은 꽃이 언제 펴요?**

6월부터 계속 폈어요. 한 번 지고 나면 쉬었다가 다시 펴요.

**희영  예쁜 색감의 푸른 꽃도 잘 피고, 지피식물로도 좋아서 마음에 쏙 드네요.**

그럼 뜯어가세요. (웃음)

**희영  이 정도로 정원을 가꾸려면 정말 매해 가열차게 보냈을 것 같아요.**

열정적으로 보낸 거 같기는 한데, 꽃을 심는 것보다 땅을 파는 데 몰입했던 것
같은데요. 호미나 삽을 들고 땅을 파면서 흙을 만지고, 냄새를 맡고, 씨앗을
뿌려서 싹이 나고, 이런 모든 게 다 좋더라고요.

한 번도 만난 적이 없는 분의 정원을 찾아간 건 초록가든이 처음이었다. 용기를 내어 충청도까지 가족과 함께 촬영을 하러 갔다. 바야흐로 코로나 19가 한창 유행하던 2020년, 마스크를 끼고 정원을 돌아보던 그날 오후가 아직도 선명하다. 오후의 햇살과 진영 씨네 둘째 민재와 우리 딸 서정이, 그리고 강아지, 고양이, 토끼와 함께했던 그 가을날.

초록가든 지기인 진영 씨는 흙 만지는 시간을 '행복한 시간'이라고 답했다. 예쁘게 핀 꽃을 즐기는 이면에는 땅을 일구고, 양분을 주고, 식물을 자르고 묶는, 여러 수고가 숨어 있다. 정원을 가꾸는 사람들은 단순히 꽃을 좋아하는 게 아니라 정원에서 일하는 모든 순간을 즐기고 사랑하는 사람들이다. 그중에서도 흙을 만지며 그 촉감을 느끼고 냄새를 맡는 일을 사랑하는 초록가든지기는 타고난 가드너가 아닐까.

# 초록가든 식물들

| 이름 | 학명 또는 품종명 | 참고 |
| --- | --- | --- |
| **나무수국** | Hydrangea paniculata (품종 미상) | 여름에 커다란 흰색 꽃을 피워서 점점 핑크빛으로 물든다. 토양 산성도에 크게 영향을 받지 않으며, 꽃눈이 잘 얼지 않아서 초보자가 키우기 좋다. |
| **화살나무** | *Euonymus alatus* | 53쪽 참고. |
| **조팝나무** | *Spiraea prunifolia* | 이른 봄, 잎과 함께 작고 꿀 향이 나는 흰색 꽃이 가득 피는 나무. 생명력이 강해 공공조경에도 자주 쓰인다. 꽃이 지고 바로 전정을 하면 다음 해에 꽃이 더 많이 핀다. |
| **작약** | *Paeonia lactiflora* | 구근을 햇빛이 잘 드는 곳에 심고 신경 써서 거름을 주면, 5월에 풍성한 꽃을 즐길 수 있다. 단점은 개화기간이 짧다는 것! |
| **장미 '노발리스'** | *Rosa* 'Novalis' | 독일 코르데스의 관목장미. 연한 보라색의 풍성한 꽃이 아름답다. 연속개화성이 좋고 병충해도 거의 없다. |
| **서양측백 '스마라크트'** (에메랄드그린) | *Thuja occidentalis* 'Smaragd' | 울타리나 정원 경계에 심기 좋은 침엽수. 겨울에도 잎이 푸른 상록수다. 좁고 길게 자라며, 성장 속도는 더딘 편이다. |
| **로키향나무 '스카이로켓'** | *Juniperus scopulorum* 'Skyrocket' | 다른 침엽수에 비해 회청색이 많이 돈다. 좁고 길게 자라며 겨울에도 잎이 푸른 상록수다. 특별히 전정하지 않아도 단정한 편이지만, 묵은 잎은 정리하는 것이 좋다. |
| **불로화** | *Ageratum houstonianum* | 분홍빛과 푸른빛이 도는 보라색 꽃이 밍크볼 같다. 겨울은 못 나지만 해마다 심게 되는 매력적인 꽃. 낮게 자라기 때문에 높게 자라는 꽃이나 돌과 함께 연출하면 좋다. |
| **천일홍** | *Gomphrena globosa* | 동그란 꽃은 흰색, 분홍색, 자주색으로 종류가 다양하며, 수분이 적어 드라이플라워로 만들기 좋다. 발아율이 높아서 가을에 씨를 받아두었다가 봄에 뿌릴 수 있다. |
| **나팔꽃** | *Ipomoea nil* | 번식력과 적응력이 좋아 특별히 신경 쓰지 않아도 잘 자라며, 여름 이후 만발한다. 다만 금방 정원을 뒤덮을 수 있으니 다른 식물에 영향을 끼치지 않도록 주의하자. |

| 이름 | 학명 또는 품종명 | 참고 |
| --- | --- | --- |
| **풍선덩굴** | *Cardiospermum halicacabum* | 작은 흰 꽃이 지면 풍선을 닮은 초록색 씨방이 달리는 덩굴식물. 검은 씨앗에는 흰색 하트 무늬가 있다. 번식력과 적응력이 좋으니 원하지 않는 곳에서 자라지 않도록 신경 써야 한다. |
| **램스이어** | *Stachys byzantina* | 잎이 양의 귀처럼 부드워서 아이들이 좋아하는 은빛 허브다. 은색의 긴 꽃대에 핑크색 꽃이 달린다. 겨울을 잘 나고 번식력도 좋지만, 여름에 과습을 조심해야 한다. 꽃이 지면 씨앗을 받아두었다가 다음 봄에 뿌리면 된다. |
| **피나타라벤더** | *Lavandula pinnata* | 라벤더 중에서도 연속개화성이 가장 좋다. 실내에서도 빛이 충분하면 꽃이 잘 핀다. |
| **로즈마리** | *Rosmarinus officinalis* | 푸른빛이 도는 보라색 꽃이 피고, 향기가 강한 허브. 건조한 걸 잘 견디지만, 물을 줄 때 흠뻑 주는 것이 좋다. 양지에서 잘 자란다. 잎을 생선이나 닭 요리에 넣으면 근사한 맛이 나며, 물에 한 줄기 넣어도 향긋하다. |
| **글라디올러스** | *Gladiolus × gandavensis* | 곧게 뻗은 긴 꽃대에 존재감 강한 꽃들이 달리는 구근식물. 품종과 색이 다양하고, 배수가 잘 되는 양지에서 잘 자란다. 절화로 인기가 많다. |
| **목화** | *Gossypium indicum* | 연한 노란빛이 나는 흰 꽃이 지고 나면 단단한 씨방 안에 하얀 솜이 찬다. 파종할 때는 씨앗을 물에 담가두었다가 심는 것이 좋다. 건조한 환경을 잘 견디지만, 물을 줄 때는 흠뻑 주어야 한다. |
| **코스모스** | *Cosmos bipinnatus* | 가을 하면 생각나는 원예종으로, 품종이 다양하다. 봄여름에 군락을 이루도록 파종하면 가을에 꽃을 만끽할 수 있다. |
| **버들마편초** | *Verbena bonariensis* | 작은 보라색 꽃이 여름부터 가을까지 쭉 핀다. 품이 좁아 식물 사이에 심기 좋다. 중부지방 이북으로는 월동이 어렵지만, 씨를 떨어뜨리므로, 한 번 심으면 매년 나온다. |

| 이름 | 학명 또는 품종명 | 참고 |
| --- | --- | --- |
| 개맨드라미 '플라밍고 페더' | *Celosia argentea* 'Flamingo Feather' | 흰색과 분홍색의 그러데이션이 있는, 여우꼬리 같은 꽃이 늦여름부터 핀다. 수분이 없는 바삭바삭한 질감이며, 겨울은 못 나지만 씨가 떨어져 매년 만날 수 있다. |
| 다알리아 | *Dahlia pinnata* | 34쪽 참고. |
| 러시안세이지 | *Perovskia atriplicifolia* | 키가 큰 은빛 가지에 작은 청보라색 꽃이 가득 달리고, 만지면 강한 향이 나는 허브. 중부지방에서도 겨울을 난다. 키가 너무 크면 쓰러지니 지지대를 세워주자. 개화기간이 길고 병해충에도 강하며, 노지월동도 할 수 있어서 공간만 있다면 초보 가드너가 키우기에 좋다. 해가 잘 드는 곳에 심으면 좋고, 포기나누기로 번식시킬 수 있다. |
| 클레마티스 | *Clematis* spp. | 33쪽 참고. |
| 접시꽃 | *Alcea rosea* | 사람 키 만큼 커다란 키에 무궁화처럼 크고 화려한 꽃이 층층이 피는 식물이다. 두해살이풀로 은근히 키우기 까다롭다. |
| 좀작살나무 | *Callicarpa dichotoma* | 겨울이 되면 구슬 같은 보라색 열매가 맺히는 아름다운 나무다. 겨울 정원의 조경용으로 추천한다. |
| 골무꽃 | *Scutellaria indica* | 낮게 깔리는 지피식물로 바느질할 때 끼는 골무를 닮은 보라색 꽃이 핀다. 씨앗을 받아서 파종할 수 있다. |

# 4

# May, spring

2022년 5월 ▶ 경기도 ▶ 대지 53평

# 째즈폴네

각각 사진작가와 포스터 및 아트워크 수입 일을 하던 부부는 고양이 째즈, 폴과 함께 서울에서 경기도로 이사했다. 그리고 이 한적한 3층 주택 정원에서 길고양이 버찌라는 귀한 인연을 만났다. 동그랗고 귀여운 버찌는 굉장히 느긋한 성격에 애교가 넘친다. 이 귀여운 고양이가 사는 정원은 작지만 다양한 식물이 조화롭고, 단정하면서도 독특한 구조가 인상적이다. 무엇보다 집 앞쪽과 뒤쪽의 지대 높이가 달라서 현관은 앞쪽 길과 같은 높이인 2층, 정원은 뒤쪽 길과 같은 높이인 1층과 이어져 있다.

# 쩨즈퐁네 평면도

공조팝나무
나무 울타리
장미 '에이브러햄 다비'
설구화
호스타
아주가
아스틸베
장미 '안젤라'
샤스타데이지
돌단풍
에버골드
장미 '바로크'
단풍나무
판석
라임색 휴케라
장미 '레오나르도 다빈치'
국수나무
알케밀라 몰리스
장미 '레이디 오브 샬럿'
장미 '벨렌슈필'
뒷문
층꽃나무
은행나무
장미 '로즈 드 톨비악'
장미 '헤르초긴 크리스티아나'
니겔라
장미 '몬 쟈뎅 마 메종'
은쑥
장미 '가든 오브 로즈'
문빔
캐나다딱총나무
백묘국
눈애기별꽃
계수나무
러시안세이지
실새풀
리아트리스
석축
작약

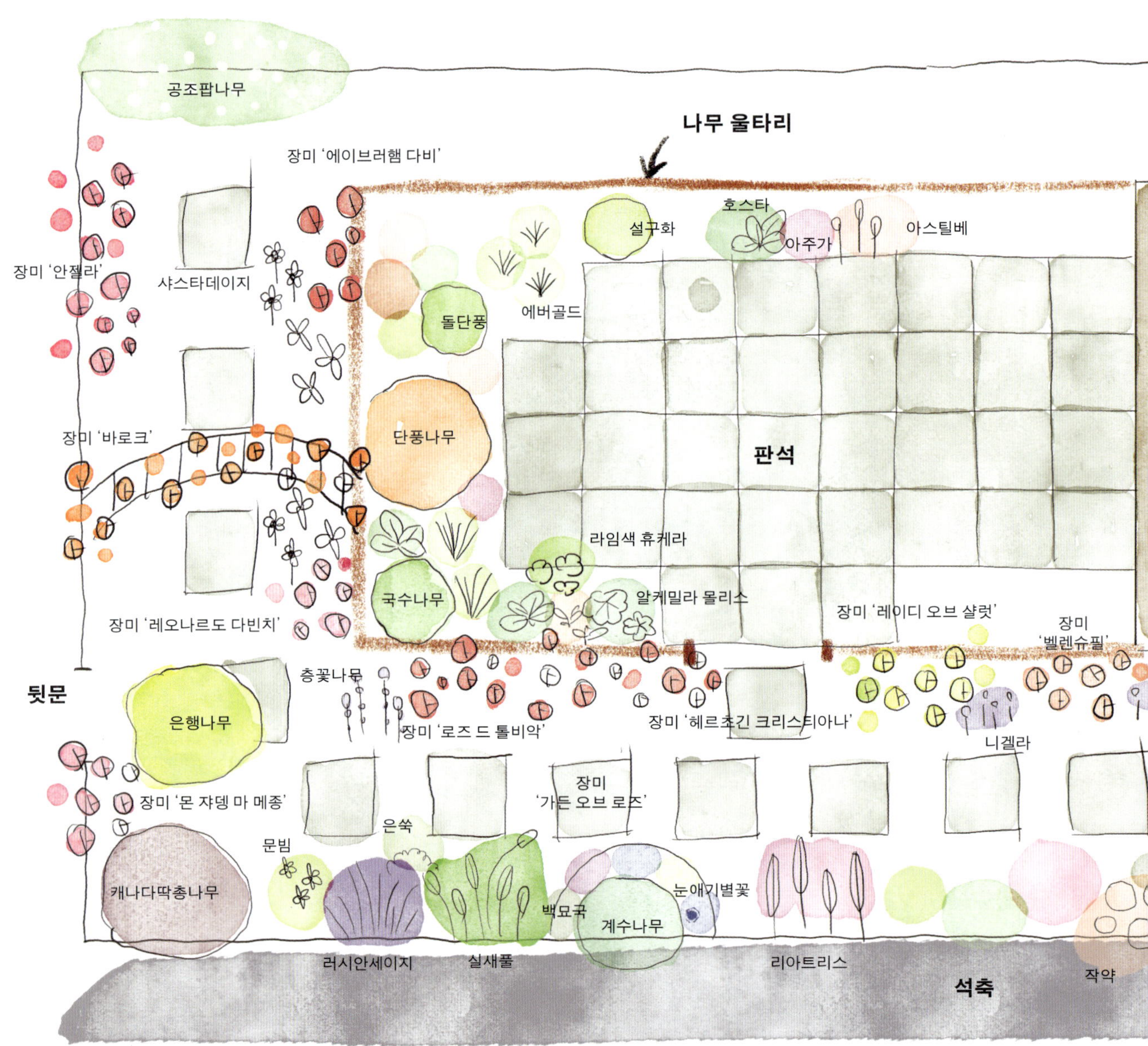

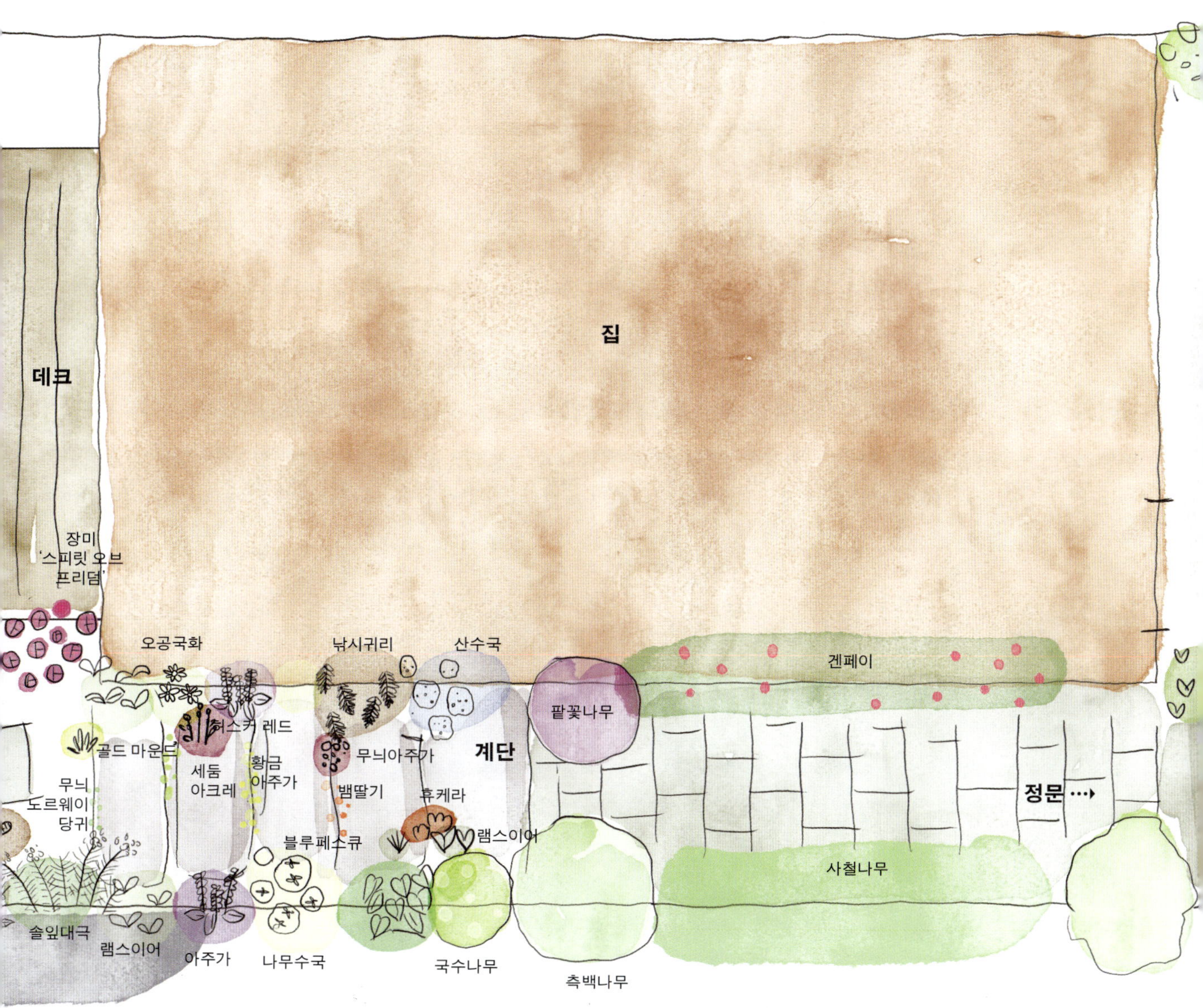

데크
집
장미 '스피릿 오브 프리덤'
오공국화
낚시귀리
산수국
겐페이
팥꽃나무
허스키 레드
골드 마운드
세둠 아크레
황금 애주가
무늬아주가
계단
뱀딸기
휴케라
무늬 도르웨이 당귀
블루페스큐
램스이어
정문 ⋯→
솔잎대극
램스이어
아주가
나무수국
국수나무
측백나무
사철나무

**희영  정원이 아담해 보이는데, 몇 평 정도 되나요?**

아마 가보신 곳 중에 가장 작은 정원일 거예요. 40평 정도 돼요.


타이밍 좋게 계단에 버찌가 등장했다. 동글동글 덩치 있는 노란 수컷 고양이가
어찌나 성격이 좋은지, 촬영 내내 쫓아다니며 귀여움으로 혼을 빼놨다.
석축처럼 쌓은 계단은 경계마다 다양한 식물을 심어 식물 아파트 같았다. 계단
1단 왼쪽 구석에는 휴케라가 한 주 있고, 몇 번의 겨울을 난 은빛 램스이어와
흔히 '은사초'라고도 불리는 블루페스큐가 있었다.


**희영  2단 구석에 심은 작은 잎에 흰색 무늬가 있는 식물은 뭐예요? 예사롭지 않은데요.**

아주가인데, 무늬아주가예요.

**희영  그 옆에 빨간 열매는 혹시 뱀딸기인가요?**

네, 제가 뱀딸기를 좋아하거든요. 그런데 너무 심하게 번져서 이만큼만 남겼어요.

**희영  3단 가운데 길게 기어가는 식물은 뭔가요? 이것도 아주가 같은데 잎 색이**

**생경해요.**

황금아주가예요.

**희영  아주가의 세계도 정말 넓군요. 그럼 다른 아주가처럼 꽃이 보라색일까요?**

아뇨. 황금아주가는 분홍색 꽃이 펴요.


4단에도 아주가가 퍼져서 자라고 있다. 더불어 초록초록한 지피식물인
세둠아크레(그린카펫)와 흰 꽃을 피우는 펜스테몬 디기탈리스 '허스커
레드'(자엽펜스테몬)가 조화롭다. 5단에는 황금조팝이라고 불리는
일본조팝나무인 '골드 마운드'와 무늬노르웨이당귀 등이 보였다. 그 위로는
아메리칸블루와 꽃 색이 비슷한 자엽꽃고비, 낚시귀리(납작보리사초), 은엽알리섬
등이 보인다. 지피식물과 키가 높이 자라지 않는 식물로 조화로운 이곳은,
계단과 석축에 심을 수 있는 모든 것을 보여주는 듯하다.


**희영  버찌가 낚시귀리를 먹지 않나요?**

먹어요. 자세히 보면 잎끝을 다 뜯어먹어요. 독성은 없다고 해서 두고 있어요.
(웃음)

**희영** 저희 집도 고양이들이 마당에 나오면 낚시귀리를 뜯어먹더라고요. 심지어 풀에
관심 없는 저희 강아지도 먹고요. 맛있나봐요.

**이제야 계단에 있는 식물들을 한 번씩 다 봤네요. 석축이나 계단에 뭘 심어야 할지 모를
때 째즈폴네를 참고하면 좋을 것 같아요.**

집 1층과 이어진 메인 정원으로 향했다. 메인 정원은 촘촘하고 제법 높은 나무
울타리를 네모나게 쳤다. 정원 안에 정원이 있는 듯한 개성 있는 구조다. 나무
울타리를 따라 길을 깔고, 그 안팎으로 식물을 심을 자리를 만들었다.

**희영** 제가 SNS로 오랫동안 째즈폴네 정원을 지켜봤는데, 마당 가운데 울타리로 공간을
만든 게 인상적이었어요.

저희 집 정원 밖은 차가 다니는 길인데, 그대로 두면 실내가 다 보여요. 그래서
프라이버시 보호를 위해 나무 울타리를 세우게 됐어요. 어떤 모양으로 하는 게
좋을까 고민하다가 지금 형태로 결정하고 저희가 직접 만들었어요.

**희영** 바닥 처리한 것도 보기 좋더라고요.

네모난 판석을 많이 가지고 있어서 그걸 활용해서 깔았어요.

**희영** 직접 깔다니 '금손'이네요! 바닥에 판석을 깔고 그 주변에 굵은 마사를
깔았잖아요. 그 아래에는 방초포 같은 걸 깔았을지, 그냥 흙 위에 깐 걸지 궁금해요.

방초포는 안 깔았어요. 방초포를 까는 것과 잡초를 뽑는 것 중 무엇을 선택할지
고민을 많이 했는데, 그냥 잡초 뽑는 걸로 결정했어요. 사실 제가 잡초 뽑는 걸
좋아하거든요.

마사와 판석이 깔린 따스한 회색빛 정원이라서, 낮은 높이의 은엽과 초록
식물이 더욱 돋보인다. 식물의 종류는 다양하지만 가득 차서 넘치지 않도록
부단히 조절하여 완성한 단정한 정원.

**희영** 식재 구성이 참 조화로워요. 프라이빗 정원을 둘러싼 나무 울타리 밖인 통로부터 함께 볼게요. 키가 작은 그라스인 털수염풀이 있네요. 머리카락 같은 잎이 바람에 날리는 모습이 참 운치 있는 식물이죠.

맞아요. 이 털수염풀은 월동을 한 거예요.

**희영** 부럽네요. 양평에서는 털수염풀이 겨울을 못 나거든요. 블루페스큐 뒤에 있는 큰 그라스는 실새풀인 브라치트리차인가요?

꽃이 정말 예뻐서 심은 건데, 작년에 꽃을 못 봐서 올해는 꼭 보고 싶어요.

**희영** 저도 브리치트라차를 키우는데, 가을이면 키 큰 그라스 끝에 커다란 강아지풀 같은 분홍색 꽃들이 정말 몽환적이에요.

브라치트리차는 우리나라 토종실새풀이지만, 외국에서 수입해오는 대표적인 식물이다.♦ 세계적인 정원디자이너인 피트 아우돌프(Piet Oudolf)도 자주 이용하는 재료다. 가을이면 깃털 같은 꼬리풀이 피어나는데, 가을 정원에 브라치트리차 꽃은 정말이지 근사하다.

백묘국, 삼색제비꽃, 휴케라, 팬지, 눈애기별꽃이 계수나무 아래에서 낮은 울타리처럼 둘러싸고 있다. 계수나무는 가을에 단풍이 지면 풍선껌 향이 난다고 한다. 그 곁에는 별정향풀이라는 파란색 꽃을 피우는 여러해살이풀이 심어져 있다. 봄부터 초여름에 걸쳐 별 모양을 닮은 꽃이 아름답게 핀다. 통로를 지나며 바닥만 보다가 이웃집과의 경계에 쌓은 낮은 석축이 눈에 들어왔다. 석축은 작은 토분을 올려두는 등 아기자기하게 잘 활용하였다.

이번에는 도로와 맞닿은 울타리 쪽으로 향했다. 울타리에는 안젤라 장미가 탐스럽게 피어 있고, 샤스타데이지도 있다. 장미

♦ 국내 자생종이지만 외국 식물학자나 정원가가 수집해 원예종으로 등록한 뒤, 다시 우리나라로 수입되는 사례가 있다. 미스김라일락이 비슷한 경우다.

아치가 있는 걸 보니 뭔가 큰 계획이 있는 것 같아 물었다.

봄에 장미와 클레마티스를 함께 올렸는데, 클레마티스는 꽃을 아직 안
보여줬어요.
**희영** **클레마티스와 덩굴장미를 같이 올리면 필 때 참 예쁘더라고요.**

다시 브리치트라차를 향해 걸어와 뒤를 돌아보니 귀여우면서 우아한 핑크
장미인 로즈 드 톨비악이 벽을 따라 피었다. 참 아름다운 계절이라는 생각이
들었다. 사계절 피는 영국 장미와 달리 봄에 개화하면 가을에는 피지 않는
경우가 더 많아서일까? 잠시 아련한 기분에 빠지려는 순간, 나무에 스크래치를
하는 버찌 덕분에 정원 투어에 다시 집중하게 된다.

**희영** **로즈 드 톨비악 옆에는 헤르초긴 크리스티아나인가요? 덩굴로 키울 수도 있군요.**
줄기 하나가 길게 올라왔기에 울타리에 올려봤는데, 잘 타고 오르더라고요.
**희영** **제가 봤던 헤르초긴 크리스티아나 중에 가장 색이 좋아요(다른 정원주들께는
죄송하지만). 딸기우유색으로 유명한 장미임에도 대부분 하얗게 피고 말거든요.**
그런데 연속개화성은 좀 떨어져서 아쉬워요. 그 아래 키 작은 장미는 가든 오브
로즈예요. 잎도 반짝반짝 건강하고, 키가 작아서 키 큰 식물 앞쪽에 심기도 좋고,
꽃도 계속해서 펴요.

그 옆 레이디 오브 샬럿과 벨렌슈빌 장미 사이는 니겔라 밭이다. 내가 갔을
때는 꽃이 다 피지 않아 아쉬워했더니, 며칠 후 째즈폴네가 사진을 보내줬다.
나지막한 키에 꽃잎 사이사이로 잎들이 얼기설기 얽힌 모양으로 니겔라가
만개하여 정원을 아름답게 빛내고 있었다.
헤르초긴 크리스티아나 옆으로 난 문으로 들어가니 나무 울타리로 둘러싸인
아늑하고 안전한 기분이 드는 프라이빗 정원이 나왔다. 울타리를 따라 'ㄷ' 자
모양으로 조성한 화단에는 꽃이 화려한 식물보다는 잎 자체로 흥미로운 호스타,
휴케라 등 반양지·반음지 식물이 식재되어 있다. 전체적으로 키가 작은 식물이

바람에 날릴 때 운치 있는 털수염풀.

덩굴로 키운 장미 '헤르초긴 크리스티아나'.

자리해서 그런지 단정해보였다. 정원 가운데는 판석을 넓게 이어 깔아서 휴식
공간으로 활용하고 있었다. 1층 거실에서 보이는 정원이 바로 이곳.

**희영 판석을 깔 때 수평을 맞추려면 보통 일이 아니었겠는데요.**
깔 때는 수평을 다 맞췄다고 생각했는데, 금세 다 뒤틀렸어요.
**희영 쉽지 않은 일이에요. 프라이빗 정원은 색으로 변화를 줬네요.**
여기에는 알케밀라 몰리스, 호스타, 프레그런트부케, 휴케라 등을 심었어요.
자세히 보면 가위벌이 알케밀라 몰리스 잎을 오려갔어요.
**희영 장미가위벌이 예술을 했네요. 어떻게 이렇게 깔끔하게 잘랐죠? 그나저나 울타리가
바람을 막아줘서 식물들이 월동하기에 좋겠어요.**
밝은색 휴케라가 월동이 어렵다는 이야기가 있는데, 저희 라임색 휴케라는
겨울을 난 거예요. 말씀하신 것처럼 울타리가 도움이 됐을 수 있겠네요.
**희영 아스틸베는 꽃이 폈네요.**
아스틸베를 두 군데 심었는데, 그늘에 있는 건 꽃이 안 피고, 잎 색도 달라요.
그늘에 심기 좋은 식물이라고 하는데, 키워보면 햇빛이 좀 있어야 하더라고요.

　　이야기 중 버찌가 판석에 벌러덩 드러눕다 휴케라 꽃대를 꺾고 말았다.
블루페스큐는 폭신해서 그 위에 자주 누웠는지 푹 꺼졌고, 어떤 잎은 씹은
흔적이 남았다. 하지만 귀여우니 괜찮다. 이 정원에서 가장 빛나는 노란 꽃은
버찌니까.

* * *

째즈폴네 정원은 아름답기도 하지만, '달라서' 좋았다. 가드닝에도 유행하는 식물과 배치 방식
이 있다. 하지만 째즈폴네는 집의 구조와 거주자의 성향에 맞춰 독특한 정원 형태를 만들었고,
이 특성에 맞춰 식물을 심고 가꾸었다. 촬영하는 동안 째즈폴네 부부의 동물에 대한 배려도
인상 깊었다. 집 안팎으로 고양이들이 불편하지 않게 모든 걸 살피는 태도에서 '이 집과 정원의
주인공은 고양이들이구나' 하고 느꼈다. 아름다운 정원에서 여유롭게 나무에 스크래치 하고,
판석 위에 벌렁 드러눕는 편안한 버찌의 모습 덕분에 한 편의 동화 속에 있는 것처럼 행복했다.
부디 이 정원에서 고양이 친구들이 오래도록 건강하고 행복하기를 기원한다.

키가 작은 식물을 심은 프라이빗 정원.

# 째즈폴네 식물들

| 이름 | 학명 또는 품종명 | 참고 |
| --- | --- | --- |
| 휴케라 | *Heuchera sanguinea* | 키가 작은 식물. 보라, 초록, 빨강 등 다양한 색의 잎 자체로도 아름답다. 겨울도 잘 나지만 강한 햇빛은 싫어하니 나무 아래나 반양지 또는 반음지에 심어야 한다. |
| 램스이어 | *Stachys byzantina* | 72쪽 참고. |
| 블루페스큐(은사초) | *Festuca glauca* | 얇은 은빛 잎이 아름다운 키가 작은 그라스. 품도 작아서 정원 중간중간 심기 좋다. |
| 무늬아주가 | *Ajuga reptans* 'Variegata' | 잎에 보라색 무늬가 있는 지피식물이다. 봄에 올라오는 보라색 꽃도 아름답다. |
| 뱀딸기 | *Duchesnea indica* | 딸기를 닮은 귀여운 열매를 맺는 지피식물. 옆으로 길게 뻗어가는 여러해살이풀로, 어디에서든 잘 자라는 편이다. |
| 아주가(황금아주가) | *Ajuga reptans* 'Gold Chang' | 잎이 노란빛을 띤다. 배수가 잘 되는 토양에 심는 것이 좋고, 연한 보라색 꽃이 핀다. 지피식물이며, 노지월동할 수 있다. |
| 세둠 아크레(그린카펫) | *Sedum acre* | 마치 초록색 양탄자 같이 땅을 덮는 지피식물. 여름에는 별 모양의 작은 노란색 꽃이 핀다. 생명력이 강하고, 석재와 잘 어울린다. |
| 펜스테몬 디기탈리스 '허스커 레드'(자엽펜스테몬) | *Penstemon digitalis* 'Husker Red' | 자주색을 띠는 잎과 줄기가 매력적인 식물. 봄이면 긴 꽃대에 분홍빛 섞인 작고 하얀 꽃이 핀다. 촉촉한 토양에서 잘 자라며, 햇빛이 드는 정도에 따라 잎의 진하기가 다르다. |
| 일본조팝나무 '골드 마운드'(황금조팝) | *Spiraea japonica* 'Gold Mound' | 이른 봄 새로 나는 잎이 황금색이다. 생명력이 강하지만, 일반 조팝보다 키가 작다. |
| 무늬노르웨이당귀(무늬안젤리카) | *Angelica archangelica* 'Variegata' | 잎 가장자리에 흰색 무늬가 있는 아름다운 식물. 음지에서도 잘 자라기 때문에 나무 아래 심어도 좋다. 번식력이 좋아 넓은 공간을 채우는 지피식물로도 추천. |
| 자엽꽃고비 | *Polemonium caeruleum* 'Purple Rain' | 짙은 자주색의 잎을 가진 꽃고비다. 긴 줄기 위에 봄부터 피는 푸른 꽃이 귀엽다. |

| 이름 | 학명 또는 품종명 | 참고 |
| --- | --- | --- |
| 낚시귀리(납작보리사초) | *Chasmanthium latifolium* | 가을에 보리를 닮은 이삭이 달리는 그라스. 씨를 떨어뜨려 번식하는데, 번식력이 매우 좋으니 주의. |
| 알리섬 | *Lobularia maritima* | 낮게 자라는 은빛 잎 위로 작은 꽃이 촘촘하게 피어 동그란 형태를 이룬다. 카펫처럼 보이는 식물로, 향이 꿀처럼 달콤하다. |
| 털수염풀 | *Nassella tenuissima* | 제주도에서 흔히 볼 수 있는 키가 작은 그라스. 가늘고 긴 잎이 풍성하고 부드러워서 바람에 흩날리는 모습이 정말 멋있다. 뿌리를 깊이 내리는 편이라 건조한 환경에서도 살아남을 수 있다. |
| 실새풀(브라치트리차) | *Calamagrostis arundinacea* | 키가 큰 실새풀 종류이지만, 품이 크지 않아 좋다. 가을에 올라오는 큰 강아지풀 같은 핑크빛 이삭이 정말 아름답다. |
| 백묘국 | *Jacobaea maritima* | 은빛의 톡톡한 잎을 가진 식물로 '더스티밀러'라고도 불린다. 정원에 은색을 넣고 싶을 때 좋지만, 여름철 과습에 약하고 겨울을 못 난다. |
| 삼색제비꽃 | *Viola tricolor* | 역사가 오래된 대표적인 원예종. 이른 봄에 작은 꽃이 가득 핀다. 팬지보다 작고 아담하며, 더위와 추위에 강하다. |
| 팬지 | *Viola × wittrockiana* | 삼색제비꽃보다 크고 화려한 꽃이 특징이다. 꽃잎 줄무늬 때문에 '고양이수염꽃'이라고 불리기도 한다. 관목 아래에 심으면 정원에 재미를 더할 수 있다. |
| 눈애기별꽃 | Lobelia pedunculata | 요정 같이 작은 파란 꽃이 피는 야생화. 여러해살이풀로 땅을 덮으며 자란다. 건조하게 키우면 좋다. |
| 계수나무 | *Cercidiphyllum japonicum* | 동그란 잎이 가을이면 노랗게 물든다. 무엇보다 잎에서 나는 솜사탕 같은 달큰한 향이 신기하다. 생장 속도가 빠르지만, 건조한 토양에서는 잘 자라지 못한다. |
| 별정향풀 | *Amsonia tabernaemontana* | 5월경 별을 닮은 연하늘색 꽃이 줄기 끝에 무리 지어 핀다. 키는 40~80센티미터이며, 반음지 화단에 군락을 이루게 심는 것도 괜찮다. 겨울도 잘 난다. |

| 이름 | 학명 또는 품종명 | 참고 |
|---|---|---|
| 장미 '안젤라' | *Rosa* 'Angela' | 32쪽 참고. |
| 샤스타데이지 | *Leucanthemum × superbum* | 34쪽 참고. |
| 클레마티스 | *Clematis* spp. | 33쪽 참고. |
| 장미 '로즈 드 톨비악' | *Rosa* 'Rose de Tolbiac' | 독일 코르데스의 덩굴장미. 옅은 살구빛과 핑크빛이 감도는 겹꽃이다. 흑반병과 내한성에 강한 편이다. |
| 장미 '헤르초긴 크리스티아나' | *Rosa* 'Herzogin Christiana' | 독일 코르데스의 관목장미. 처음엔 크림빛 백색의 봉오리로 피기 시작해 딸기우유색으로 변한다. 꽃이 제법 크고, 향도 근사하다. 병충해에 강하다. |
| 장미 '가든 오브 로즈' | *Rosa* 'Garden of Roses' | 독일 코르데스의 관목장미. 크림빛이 섞인 살구색과 분홍색 겹꽃이 핀다. 튼튼하고 연속개화성도 좋다. 크기가 작으므로 화단의 앞쪽이나 화분에 심는 것을 추천한다. |
| 니겔라 | *Nigella damascena* | 잎이 깃털처럼 가늘고, 꽃은 마치 안개 속에 있는 듯하다. 하늘색, 흰색, 분홍색 등 색이 다양하고, 자연발아가 잘 된다. 특히 장미 옆에 심으면 아름답다. |
| 호스타 | *Hosta* spp. | 커다란 잎이 매력적인 대표적인 음지식물. 무늬와 색상과 크기가 다양하다. |
| 알케밀라 몰리스 | *Alchemilla mollis* | 가리비 모양의 잎이 특징인 키가 작은 식물로 화단 앞쪽에 심으면 좋다. 잎에 물방울이 맺히면 아름답다. |
| 비비추 '프레그런트 부케' | *Hosta* 'Fragrant Bouquet' | 음지식물. 호스타의 한 품종으로 초록잎 가장자리의 크림색 무늬가 특징이다. 여름에 향기로운 연한 보라색 꽃이 핀다. |
| 아스틸베 | *Astilbe* spp. | 늦봄에 몽환적인 원뿔형 꽃을 피워 올리는 음지식물. 물을 좋아하며, 우아하고 특이한 꽃은 색이 다양하다. |

# 5

# May, spring

2022년 5월 ▶ 경기도 광주시 ▶ 대지 102평

# 우드베일리가든

## 장미 컬렉터 아내와 목수 남편

도시에서 살던 가족은 아이들이 자라며 층간 소음에 대한 고민이 커졌고, 고심 끝에 경기도 광주시 작은 마을에 자리를 잡았다. 목수 일을 하던 남편은 직접 집을 설계했고, 집이 완성된 후 정원 한쪽 나무 옆으로 오두막을 지었다. 두 아들을 위해서는 마음껏 뛰어놀 수 있는 농구장도 만들었다. 그리고 아내에게는 정원이 생겼다. 어느새 가드닝에 흠뻑 빠진 아내는 화장품도 옷도 안 사고 오로지 장미만 모았다. 하지만 그 어떤 소비보다 마음이 풍요로웠다. 수줍은 듯 잔잔한 미소를 띤 부부가 건넨 커피 한 잔과 함께 본격적으로 정원을 둘러본다.

# 우드베일리가든 평면도

### 1구역
장미 '에이브러햄 다비'
장미 '프린세스 샤를렌 드 모나코'
장미 '라 빌라 코타'

### 2구역
장미 '안젤라'
장미 '퀸 오브 스웨덴'
장미 '보스코벨'
장미 '클레어 오스틴'
장미 '찰스 다윈'

### 3구역
장미 '노발리스'
장미 '레이디 오브 샬럿'
장미 '데스데모나'
장미 '올리비아 로즈 오스틴'
장미 '프린세스 알렉산드라 오브 켄트'

### 4구역
장미 '레이디 엠마 해밀턴'
장미 '신데렐라'
장미 '메리 앤'
장미 '빅토리안 클래식'
장미 '헤르초긴 크리스티아나'

### 5구역
장미 '에블린'
장미 '주드 디 옵스큐어'
장미 '아웃 오브 로젠하임'
장미 '로알드 달'
장미 '안젤라'

### 6구역
미니장미 '그린 아이스'
장미 '로젠그레핀 마리 헨리에테'
장미 '가든 오브 로즈'
장미 '자르댕 드 프랑스'
장미 '자스미나'
장미 '크라운 프린세스 마가레타'

딸나무
단풍나무
배롱나무
가우라
주목
휴케라
비덴스
셀릭스
문빔, 물망초, 미니장미, 봄맞이, 국화
별수국
느티나무
수도
6구역
오레곤
개망초
헝가리방패꽃 '로열블루'
매자나무
비덴스
페룰리폴리아
로벨리아 에리누스
칼리브라코아
집
오두막
출입구
출입구
칠자화
화살나무

**희영** 촬영 전에 집 안 구경을 했는데, 남편분이 목수라서 그런지 구석구석 재치 있는 요소들이 있더라고요. 정원 입구 나무 벤치에는 구하기 힘들다는 색(코럴과 노란색이 그러데이션된)의 칼리브라코아(밀레니엄벨)가 있네요.

네. 운 좋게 구했어요. 다른 색의 칼리브라코아도 있어서 같이 놓아봤는데 예상보다 잘 어울려서 네 포트를 합식♦했어요. 처음에 작은 8센티미터인 포트로 샀는데 금방 자라더라고요.

직접 쌓은 아늑한 돌담이 있는 입구를 지나 정원에 첫발을 들였다. 한눈에 집의 전경이 들어온다. 집과 연결된 퍼걸러가 있고, 디딤석으로 길을 놓았다. 길 양옆에는 여러 식물을 조화롭게 식재했다. 들어서자마자 오른편에 일본조팝나무인 겐페이가 있다. 흔히 '삼색조팝'으로 불리는 겐페이 잎은 봄이 되면 붉은 단풍같이 올라오다가 일주일쯤 지나면 연두색으로 바뀐다.

**희영** 퍼걸러 앞 화분에 심은 연노랑빛 장미는 뭔가요?

이건 크라운 프린세스 마가레타예요. 한 차례 핀 다음 지는 중이에요.

**희영** 우드베일리가든은 장미들을 모두 초록색 플라스틱 화분에 심었더라고요. 같은 화분에 심으니까 통일감이 느껴져서 전체적으로 단정하고 좋네요.

처음에는 토분에 장미를 심으려고 했는데, 가격이 너무 비싸더라고요. 그래서 화분을 고르다가 초록빛이 어울리겠다 싶어 통일해서 심었어요. 덩굴장미나 크게 자란다는 관목장미는 조금 더 큰 화분에 심었고, 나머지는 지름 30센티미터 크기인 화분에 심었어요. 크라운 프린세스 마가레타 화분이 35센티미터 정도일 거예요.

**희영** 화분 채로 야외에서 겨울을 난 건가요?

겨울에는 화분을 은박포 같은 걸로 둘러주고, 부직포로도 싸줬어요.

**희영** 월동 준비를 해줬군요. 퍼걸러 기둥에 올라가고 있는, 줄기가 튼튼해 보이는

♦ '모아 심기'라고도 한다. 보통 한 화분에 하나의 모종을 심는데, 합식은 비교적 큰 화분에 여러 모종을 심는다. 같은 꽃 중 색이 다른 것을 섞어 심는 기초적인 방법부터 모양과 크기가 다른 여러 식물을 함께 심는 고급 기술까지 있다.

DENING
GARDEN

**라일락빛이 감도는 이 덩굴장미는 뭔가요? 아직 꽃이 안 폈네요.**

자스미나예요. 봉오리를 보면 꽃은 다음 주(6월 초)쯤에 필 것 같아요. 자세히
보면 장미가위벌이 잎을 엄청 오려갔어요.

반짝이고 튼튼한 잎이 집짓기에 좋아 보였는지 장미가위벌이 꽤나 오려갔다.
초보 가드너들이 걱정하는 것과 달리 장미가위벌이 잎을 오려가도 장미
생장에 크게 영향을 주지 않는다. 집을 지을 때만 잎을 오려가는 것이니
장미가위벌과 장미 잎을 함께 나누어도 좋을 것 같다.
왼쪽 울타리에는 나무들을 심었고, 그 아래는 초화가 조화롭게 가득하다.
왼쪽 울타리목 중에는 동그란 모양의 외목대 주목이 눈길을 끈다. 외할아버지
댁에서 데려온 나무로 남편이 모양을 정리하며 키우는 중이라고 한다. 주목 앞
개키버들 '하쿠로니시키'(셀릭스) 아래 소복한 초화들은 뭘까?

네, 맞아요. 여기는 꽃다발 느낌으로 심었어요. 현관문을 열고 나오면 바로
보이는 곳이거든요. 아침에 일어나서 꽃다발을 선물 받는 기분이 들면 좋겠다고
생각했는데, 딱이에요. 그 옆에 오렌지빛 미니 장미와 유럽봄맞이도 그런
느낌으로 심었어요.

**희영  유럽봄맞이 덕분에 얼핏 보면 꼭 안개꽃 섞은 장미 꽃다발 같아요.**

오른쪽으로 시선을 옮기니 퍼걸러 앞쪽 화단에 코랄빛 장미가 우아하게 피어
있다.

자르댕 드 프랑스라는 프랑스 장미예요.

**희영  우아하고 나비 같은 느낌이 있네요.**

가을에 심어서 월동하고 봄에 개화한 거예요. 살짝 코랄빛도 있고, 형광 핑크빛도
있는데, 사진에는 그 색감이 잘 안 담겨서 아쉬워요.

**희영** 퍼걸러 옆 나무로 만든 울타리가 자연스러우면서 예뻐요. 혹시 직접 만든 걸까요?
**울타리 안 장미는 이름이 뭔가요?**
울타리는 애들과 남편의 합작품이에요. 장미는 가든 오브 로즈고요.

'남의 집 정원' 촬영 중에 자주 만나는 장미다. 겹치는 집이 많다는 건 그만큼
인기가 많다는 뜻. 가든 오브 로즈는 독일 코르데스사의 장미로, 키가 작고,
연속개화성이 좋으며, 참기름이라도 바른 듯 번지르르한 잎을 자랑한다.
핑크코랄빛의 전형적인 컵 모양 화형도 사랑스럽다. 화단 앞쪽에 심을 장미를
찾는다면, 이 장미를 추천한다.
퍼걸러 한쪽에는 노란색 비덴스 페룰리폴리아, 매자나무, 로벨리아 에리누스,
오레곤개망초(원평소국), 헝가리방패꽃인 로얄블루가 화분에서 풍성함을 뽐내고
있다. 바람에 따라 살랑이는 화분 속 꽃들과 풍경 소리가 좋다. 지금 여기가
천국이구나. 눈을 감고 있어도 떠도 너무나 좋은 5월의 정원.

**희영** 여린 분홍빛의 플로리분다 계열의 장미도 있네요.
로젠그레핀 마리 헨리에테라고 이름이 어려운 장미예요. 추운 지역에서 월동도
잘된다고 해요.
**희영** 이쯤 되니 묻지 않을 수 없네요. 이 정원에 장미가 총 몇 주나 있나요?
거의 40주 넘게 있어요. (웃음)
**희영** 우와! 정말 장미에 흠뻑 빠졌군요!

덩굴장미 사이로 크기가 작은 미니 장미 '그린 아이스'가 보인다. 처음에는
연분홍색으로 폈다가 크림색으로 변하고 질 때는 연두색으로 바뀐다고 한다.
우드베일리가든 지기에 따르면 월동도 잘하고, 벌레도 없고, 서리 내릴 때까지
계속 피고 지는, 가장 건강한 장미라고.

철제 오벨리스크와 장미 '레오나르도 다빈치'.

**희영  연속개화성이 좋다고요?**

네. 여름에도 피고 서리 내릴 때까지 계속 꽃이 펴요. 무엇보다 좋은 점은 꽃 얼굴이 작으니까 여름 해에 꽃잎이 타거나 상하지 않는다는 거예요. 전 이 장미가 정말 좋더라고요.

디딤석으로 만든 오솔길을 따라가니 화살나무 울타리를 두른 뒷마당이 나온다. 가을이 되면 화살나무의 붉은 단풍이 아름다울 것이다. 코너를 도니 우드베일리가든 지기 남편의 오두막(트리하우스)이 보인다. 지면에서 높게 띄워 만든 오두막은 남편의 어린 시절 로망에서 탄생한 것으로, 이 오두막을 위해 느티나무를 심었다고 한다. 오두막에 앉아 커피를 마시니 멀리 보이는 풍경과 하늘과 바람이 더해져 '이 맛에 집을 짓는 거지' 싶다.

지나온 정원을 가로질러 아이들을 위해 만든 농구장을 지나면, 목공작업실이 나온다. 목공작업실 앞 너른 땅은 바닥을 콘크리트로 처리했다. 레이디 엠마 해밀턴부터 프린세스 알렉산드라 오브 켄트 등 30종에 달하는 장미 화분이 탄성을 자아낸다. 공들여 키운 색색의 장미가 풍성하게 피어 있어 지금까지 본 건 '애피타이저'였구나 싶다.

**희영  여기 있는 장미를 하나씩 소개하다 보면 오늘 밤새겠어요! 그래도 좀 여쭤볼게요. 벤자민 브리튼처럼 생긴 이 독특한 주황색 장미는 뭔가요?**

레이디 엠마 해밀턴이에요. 아침이랑 해가 지는 저녁에 정말 예쁜 장미예요. 그 옆에 풍성한 핑크 드레스 같은 독일 장미는 신데렐라로, 꽃이 오래 가는 편이고, 비가 와도 짱짱해서 좋아요.

**희영  꽃이 오래 가는 것도 참 중요하죠. 신데렐라는 핑크색 꽃이 스프레이형으로 피는 장미군요.**

네, 꽃다발처럼 한 가지에 여러 송이가 펴요. 저 희영 씨 영상 보고 에블린을 키우게 됐어요.

**희영** 에블린은 정말 향기롭잖아요. 꽃 속에 꽃이 들어간 듯한 독특한 로제트♦화형도

좋고요.

단종될 수 있다고 해서 얼른 사다 심었어요.

**희영** 잘했어요. 주드 디 옵스큐어는 봉오리가 많이 달렸네요.

레모나 향처럼 향긋하다고 해서 기대하고 있어요. 저희 집에서 빨간 장미는 아웃

오브 로젠하임이 유일해요. 벤자민 브린튼도 키우고 싶기는 한데…….

**희영** 벤자민 브리튼도 좋고, 다르시 부셀도 추천해요. 버튼형 화형인데 빨간 장미

치고 가시와 가지가 드세지 않아요. 흑적색이 깊은 먼스테드 우드도 벨벳 느낌이 나는

장미라서 매력 있어요.

장미는 주로 영국과 독일 게 많은데, 빅토리안 클래식은 네덜란드 장미예요.

데이비드 오스틴 장미처럼 겹꽃인데, 색이 독특하고 꽃이 오래 간다고

하더라고요.


관목형인 로알드 달, 봄에 존재감이 강한 안젤라, 딸기우유빛으로 겹꽃 화형이

아름다운 헤르초긴 크리스티아나, 흰색 꽃이 피는 덩굴장미로 반그늘에서 잘

자라는 클레어 오스틴 등 아직도 살펴볼 장미가 많다.


**희영** 보라색의 뾰족한 꽃잎을 가진 이 장미는 뭔가요?

노발리스예요. 장미가 여러 개 있어도 꽃이 풍성하고 연한 보라색이 오묘해서 딱

눈에 띄죠?

**희영** 그렇네요. 메리 앤은 실제로 보니 꽃잎이 더 분홍색이고 화심이 살구색이네요.

키우는 분들이 로젠 탄타우(Rosen Tantau) 장미인 치펜데일하고 좀 비슷하다고

하더라고요.

**희영** 이건 누구나 아는 '크리스티나'로 알려진 퀸 오브 스웨덴! 퀸 오브 스웨덴은 가지에

붙은 초록잎이 동글동글 귀엽게 생겨서 제가 좋아하는 장미 중 하나예요. 보통 꽃잎이

많으면 무거워서 고개를 숙이는데, 퀸 오브 스웨덴은 가지도 휘청이지 않고 딱 일자로

---

♦ 꽃잎이 중심에서 바깥쪽으로 정교하고 조밀하게 겹쳐 있는 화형을 말한다. 영국 데이비드 오스

틴 장미의 대부분이 로제트형이다.

서서 꼿꼿이 위를 바라보잖아요.

유일한 단점은 '꽃 폭탄'으로 변신하는 거예요. 꽃이
갑자기 후두두.

**희영** 맞아요. 그런데 그게 화면에 아름답게 담기기도
해요. 철제 오벨리스크 안에 있는 덩굴장미는 레오나르도
다빈치인가요?

네, 맞아요! 색감도 진분홍이라 예쁘고, 꽃 크기도
중륜♦ 정도라 좋아해요. 그 옆에 살구색과 노란색
섞인 꽃이 큰 장미는 에이브러햄 다비.

**희영** 이 집은 없는 장미가 없네요. 장미 백화점이네!
탐스러운 오렌지빛 장미는 레이디 오브 샬럿이죠? 일명
'레샬'이라는 애칭이 있는. 반덩굴이고 키우기도 쉬운데,
구하기 쉽지 않아서 많은 분이 탐내고 있잖아요. 팻
오스틴이랑 비슷한 거 같아요.

팻 오스틴은 단종되서 못 구했어요. 아쉬워요.
대신 지인에게 선물 받은 찰스 다윈과 보스코벨이
있어요. 키우던 장미라 찰스 다윈은 7년 차 장미고,
보스코벨은 4년 차예요. 땅에서 키웠으면 훨씬 컸을
텐데, 제가 화분에 심어서 덜 큰 것 같아요.

**희영** 보스코벨은 누구나 키우고 싶어하는 요정 같은
장미잖아요. 저도 구할 수가 없어서 한동안 제 피드에서
'언급금지'였어요. 찰스 다윈은 풍성한 노란빛 장미죠?

네, 노랗게 펴서 질 때는 하얗게 변색되며 빈티지한
느낌으로 지더라고요.

♦ 장미는 꽃 얼굴 크기에 따라 구분하기도 하는데, 대륜은
10~13센티미터 또는 그 이상, 중륜은 5~10센티미터, 소륜은
5센티미터 미만이다.

**희영  장미에 돈 좀 썼겠는데요?**

어우, 많이 썼어요. 저 옷이나 화장품 이런 거 안 사고 장미만 산 거 같아요.

**희영  진정한 장미 컬렉터네요.**

꽃이 프릴처럼 핀다는 프린세스 샤를렌 드 모나코, 사랑스러운 화이트 로즈인 데스데모나, 봉오리일 때 보랏빛이 돌고 질 때는 하얗게 지는 올리비아 로즈 오스틴, 이름이 너무 길어 '프알켄'이라 불리는 프린세스 알렉산드라 오브 켄트 등 가드너들이 키우고 싶어하는 장미가 가득했다. 장미 때문에 이사를 가야 할 것 같다는 우드베일리가든 지기의 웃음에 깊이 공감했다.

* * *

우드베일리가든을 떠올리면 가장 먼저 생각나는 단어가 바로 '가족'이다. 이 집을 짓고 이사하게 된 이유도, 정원을 가꾸는 새로운 취미를 갖게 된 것도 모두 가족을 위한 선택에서 비롯되었다. 아파트에서 주택, 도시에서 시골이라는 공간적 변화는 삶에 큰 변화를 일으켰다. 아이들은 마당 있는 집에서 정원의 장미처럼 튼튼하게 쑥쑥 자랐다. 남편의 공구들이 정갈하게 정리된 작업실 창문 밖으로는 아내가 사랑에 빠진 온갖 장미들이 만발하는 정원이 보였다. 보통의 열정으로 할 수 없는 수집과 돌봄. 시간이 어떻게 흐른 건지 모르게 공감하고 감탄하며 웃었던 '장미 투어'였다.

# 우드베일리가든 식물들

| 이름 | 학명 또는 품종명 | 참고 |
| --- | --- | --- |
| 칼리브라코아 | *Calibrachoa* spp. | 우리나라에서 밀레니엄벨이라는 유통명으로 팔리지만, 실제 이름은 '칼리브라코아'다. 작은 꽃들이 무수히 많이 펴서 '슈퍼벨'이라고도 불린다. 비슷하게 생긴 페튜니아보다 꽃이 작다. 색도 다양하고 연속개화성도 좋아서 토분에 심어 정원에 두면 정말 아름답다. |
| 일본조팝나무 '겐페이' | *Spiraea japonica* 'Genpei' | 잎의 색이 세 번 변한다. 초여름이면 흰색, 연분홍색, 진분홍색 꽃이 무리 지어 핀다. 키가 작고 둥근 수형으로 자라며 조팝나무답게 생명력이 강하다. |
| 장미 '크라운 프린세스 마가레타' | *Rosa* 'Crown Princess Margareta' | 영국 데이비드 오스틴의 덩굴장미다. 꽃은 살구색과 오렌지색을 띠며, 꽃잎이 120개 이상이라 탐스럽다. 과일차 같은 향이 강하다. |
| 장미 '자스미나' | *Rosa* 'Jasmina' | 독일 코르데스의 덩굴장미로 라일락빛이 감도는 핑크색의 작은 겹꽃이 사랑스러워 우리나라에서 인기다. 과일 향이 난다. |
| 주목 | *Taxus cuspidata* | '죽어서도 천 년'이라는 명품나무다. 가을에 달리는 작고 빨간 열매가 귀엽다. 겨울에도 잎이 지지 않는 상록수다. 울타리목으로 추천! |
| 개키버들 '하쿠로니시키' (셀릭스) | *Salix integra* 'Hakuro-Nishiki' | 봄에 핑크빛으로 올라오는 잎이 매우 아름다워 '플라밍고 셀릭스'라는 이름도 있다. 다만 성장 속도가 매우 빠른 편으로 작은 정원에 심는다면 1년에 두세 번은 가지치기를 해야 한다. |
| 솔잎금계국 '문빔' | *Coreopsis verticillata* 'Moonbeam' | 꽃은 금계국과 닮았고, 잎은 솔잎처럼 가늘다. 6~9월에는 얇은 가지에 작고 귀여운 노란 꽃이 연속적으로 핀다. 겨울도 잘 나서 추천하고 싶은 꽃. |
| 국화 | *Chrysanthemum morifolium* | 대표적인 가을꽃으로, 겨울도 잘 나고 향도 좋다. 색상과 화형이 다양하다. |
| 물망초 | *Myosotis scorpioides* | 이른 봄에 아주 작고 신비로운 하늘색 꽃이 핀다. 아쉽게도 겨울은 못 난다. |

| 이름 | 학명 또는 품종명 | 참고 |
| --- | --- | --- |
| **미니 장미** | *Rosa* Miniature Group | 꽃송이를 작게 개량한 장미다. 크기가 작아서 화분에 심어 실내에서 키우기도 좋다. 다만 통풍과 배수가 잘 되어야 한다. |
| **봄맞이** | *Androsace umbellata* | 우리나라에서는 '유럽봄맞이'라는 이름으로 유통된다. 이른 봄 안개꽃처럼 하늘거리는 아주 작은 흰 꽃이 핀다. |
| **장미 '자르댕 드 프랑스'** | *Rosa* 'Jardin de France' | 프랑스 메양의 장미. 느슨한 듯한 꽃잎이 정말 우아하다. 색은 카메라에 그대로 담기지 않는 아름다운 코랄이다. |
| **장미 '가든 오브 로즈'** | *Rosa* 'Garden of Roses' | 91쪽 참고. |
| **비덴스 페룰리폴리아** | *Bidens ferulifolia* | 화분에 심기 좋고, 봄부터 가을까지 끊임없이 꽃이 핀다. 꽃색은 노란색, 흰색, 핑크색이 있다. |
| **매자나무** | *Berberis koreana* | 한국 특산종. 작은 가시가 있는 긴 가지에 달린 짙고 붉은 잎이 멋있는 나무다. 어디서든 잘 자라고, 겨울도 잘 난다. 5월에는 황금색으로 꽃이 피며, 가을에는 적색 열매를 맺는다. 요즘에는 라임색이나 주황색 잎이 나는 새로운 품종도 있다. |
| **오레곤개망초(원평소국)** | *Erigeron karvinskianus* | 데이지를 닮은 작고 깃털 같은 꽃이다. 흰색과 분홍색이 섞여 핀다. 해충이나 질병이 없고, 잘 퍼지며, 남부지방에서는 월동도 가능하다. |
| **헝가리방패꽃 '로열 블루'** | *Veronica teucrium* 'Royal Blue' | 봄에 피는 키가 작은 꼬리풀 종류. 겨울도 잘 나고 포기나누기로 번식할 수 있다. |
| **로벨리아 에리누스** | *Lobelia erinus* | 겨울은 못 나지만 봄부터 서리 내릴 때까지 계속해서 풍성한 꽃이 피는 초화다. 낮게 자라며 옆으로 퍼지거나 아래로 늘어지는 특징이 있다. 여름철 더위에 약하므로, 토분에 심어 지붕 아래에 두는 것이 가장 좋다. |
| **장미 '로젠그레핀 마리 헨리에테'** | *Rosa* 'Rosengräfin Marie Henriette' | '장미에 대한 매혹'이라는 뜻을 가진 독일 코르데스의 관목장미. 부드러운 분홍색의 풍성한 꽃이 매력적이다. 봄부터 가을까지 꽃이 핀다. |

| 이름 | 학명 또는 품종명 | 참고 |
| --- | --- | --- |
| 미니장미 '그린 아이스' | *Rosa x hybrida* 'Green Ice' | 우리나라에서는 삼색찔레로 알려져 있지만, 사실 '그린 아이스'라는 미국 장미다. 작은 겹꽃이 여러 송이 모여 피며, 꽃이 흰색, 분홍색, 연한 녹색으로 변하는 특징이 있다. 겨울도 잘 나며 연속개화성도 좋고 병충해에도 강하다. |
| 화살나무 | *Euonymus alatus* | 53쪽 참고. |
| 느티나무 | *Zelkova serrata* | 웅장하고 아름다운 수형을 자랑하는 우리나라의 대표적인 정자나무이자 보호수다. 수명이 길고 생명력이 강하다. |
| 장미 '레이디 엠마 해밀턴' | *Rosa* 'Lady Emma Hamilton' | 영국 데이비드 오스틴의 관목장미. 오렌지빛 풍성한 꽃이 아름답다. 영국 장미답게 향도 근사하다. |
| 장미 '프린세스 알렉산드라 오브 켄트' | *Rosa* 'Princess Alexandra of Kent' | 영국 데이비드 오스틴의 관목장미. 매우 큰 꽃이 쉴 새 없이 피는 것으로 유명하다. 이름이 길어서 가드너 사이에 '프알켄'으로 불린다. |
| 장미 '신데렐라' | *Rosa* 'Cinderella' | 독일 코르데스의 반덩굴장미. 클래식한 형태의 사랑스러운 핑크빛 꽃이 아름답다. |
| 장미 '에블린' | *Rosa* 'Evelyn' | 지금은 단종된 영국 데이비드 오스틴의 관목장미. 향이 정말 근사하고, 살구, 핑크, 오렌지 색의 로제트형 꽃이 아름답다. |
| 장미 '주드 디 옵스큐어' | *Rosa* 'Jude the Obscure' | 영국 데이비드 오스틴의 관목장미. 작약 같은 동그란 화형이 우아하다. 옅은 크림색부터 살구색까지 볼 수 있고, 깜짝 놀랄 만큼 짙은 과일 향이 난다. 튼튼하고 연속개화성도 좋아서 추천하고 싶은 장미다. |
| 장미 '아웃 오브 로젠하임' | *Rosa* 'Out of Rosenheim' | 독일 코르데스의 관목장미. 로맨틱한 빨간색 꽃이 특징이다. 꽃잎 수가 많고, 향은 약하다. |
| 장미 '빅토리안 클래식' | *Rosa* 'Victorian Classic' | 네덜란드 빕 로지스(Vip Roses)가 개발한 관목장미. 봉오리일 때는 핑크빛이 돌다가 개화하면서 살구색과 노란색이 섞인 듯한 오묘하고 부드러운 색으로 변한다. 꽃잎 안쪽은 진하고 바깥쪽으로 연해지는 그러데이션이 아름답다. 내한성이 좋고, 개화기간도 긴 편이다. |

| 이름 | 학명 또는 품종명 | 참고 |
|---|---|---|
| 장미 '로알드 달' | *Rosa* 'Roald Dahl' | 영국 장미 특유의 풍성한 꽃잎을 가졌다. 노란빛과 살구빛, 오렌지빛이 감돈다. 줄기에 가시가 많지 않은 것도 특징. 영국 데이비드 오스틴의 관목장미다. |
| 장미 '안젤라' | *Rosa* 'Angela' | 32쪽 참고. |
| 장미 '헤르초긴 크리스티아나' | *Rosa* 'Herzogin Christiana' | 91쪽 참고. |
| 장미 '클레어 오스틴' | *Rosa* 'Claire Austin' | 영국 데이비드 오스틴의 덩굴장미. 데이비드 오스틴의 딸 이름을 딴 흰색 장미다. 반양지에서도 잘 큰다. |
| 장미 '노발리스' | *Rosa* 'Novalis' | 71쪽 참고. |
| 장미 '메리 앤' | *Rosa* 'Mary Ann' | 독일 로젠 탄타우의 관목장미로, 날씨에 따라 살구색부터 오렌지색, 핑크색까지 꽃잎이 다채롭게 변한다. 화려한 꽃과 달콤한 향기가 매력적이다. 옆으로 퍼지는 유형이니 이를 고려해 자리를 만드는 것이 좋다. |
| 장미 '퀸 오브 스웨덴'<br>(크리스티나) | *Rosa* 'Queen of Sweden' | 영국 데이비드 오스틴의 관목장미. 원래 이름은 '퀸 오브 스웨덴'이지만, 우리나라에서는 '크리스티나'로 유통된다. 다른 장미와 달리 하늘을 바라보는 꼿꼿한 수형이며, 화심이 살구색인 아름다운 분홍색 장미다. 몰약 같은 독특한 향도 좋고, 병충해에도 강하다. 개화기간이 짧고, 질 때 폭탄 터지듯이 꽃잎이 후두둑 떨어진다. |
| 장미 '레오나르도 다빈치' | *Rosa* 'Leonardo da Vinci' | 프랑스 메양의 덩굴장미다. 올드 로즈와 현대 장미의 장점을 모두 갖춘 '로만티카 시리즈'의 대표 품종. 아름다운 겹꽃의 핑크색 장미가 봄이면 벽면 가득 피며, 비에도 꽃이 오래간다. 단점은 봄에 한 번만 개화한다는 것. |
| 장미 '에이브러햄 다비' | *Rosa* 'Abraham Darby' | 영국 데이비드 오스틴의 관목장미. 1985년에 소개된 스테디셀러다. 커다랗고 탐스러운 살구빛 꽃이 매력적이다. 향과 연속개화성이 아주 좋다. |

| 이름 | 학명 또는 품종명 | 참고 |
| --- | --- | --- |
| **장미 '레이디 오브 샬럿'** | *Rosa* 'Lady of Shalott' | 탐스러운 오렌지색 장미로, '레샬'이라는 애칭이 있을 만큼 인기가 많다. 가지가 튼튼한 편이며, 꽃에서 은은한 차향이 느껴지기도 한다. 영국 데이비드 오스틴의 덩굴장미. |
| **장미 '찰스 다윈'** | *Rosa* 'Charles Darwin' | 140장 이상의 꽃잎으로 이루어진 풍성하고 얼굴이 큰 장미로, 화심은 황금색에서 레몬색에 가까운 노란색이고 바깥으로 갈수록 연한 노란색을 띤다. 영국 데이비드 오스틴의 관목장미이며, 매우 건강하다. |
| **장미 '보스코벨'** | *Rosa* 'Boscobel' | 영국 데이비드 오스틴의 관목장미. 비교적 키가 작은 편이다. 짙은 향기, 연속개화성, 미모, 모두 뛰어나서 굉장히 인기가 많지만, 겨울에는 보온해주는 것이 좋다. |
| **장미 '프린세스 샤를렌 드 모나코'** | *Rosa* 'Princesse Charlène de Monaco' | 프랑스 메양의 관목장미. 프릴 같은 꽃잎이 살구과 연한 분홍색으로 자연스럽게 이어져 우아하고 낭만적인 분위기를 풍긴다. 풍성한 꽃은 대륜으로 존재감이 있다. 햇빛을 매우 좋아하며, 병충해에 강하다. |
| **장미 '데스데모나'** | *Rosa* 'Desdemona' | 영국 데이비드 오스틴의 관목장미. 비교적 작은 꽃은 여린 복숭아빛으로 피기 시작해서 흰색으로 만개한다. 연속개화성이 좋으며 향은 깊고 강한 편이다. |
| **장미 '올리비아 로즈 오스틴'** | *Rosa* 'Olivia Rose Austin' | 영국 데이비드 오스틴의 관목장미. 데이비드 오스틴의 손녀 이름을 땄다. 꽃은 산뜻한 분홍색이며, 연속개화성과 내병성이 좋다. |

# 6

# May, spring

2022년 5월 ▶ 경상북도 봉화군 ▶ 대지 500평 ▶

# 홀리가든

고속도로에서 빠져나온 뒤에도 산길을 한참이나 운전했다. 굽이굽이 오르며 불안하던 마음은 어느새 눈앞에 펼쳐진 아름다운 풍경 속으로 사라졌다. 도시에 살던 부부는 귀촌을 결심한 후 산속에 터를 마련하고 스테이와 카페를 만들었다. 건축부터 인테리어, 조경까지 직접 했다. 억지로 꾸미지 않은 듯한 자연스러운 정원도 아름답지만, 홀리가든의 백미는 바로 차경이다. 아름다운 꽃들과 함께 저 멀리 그림처럼 펼쳐진 산속 풍경. 깊은 산속, 부부가 일군 동화 속 세상으로 발을 딛어본다.

# 홀리가든 평면도

블루베리
산수유
틀밭
매실나무
셀릭스
블루베리
매실나무
위실나무
매실나무
왕벚나무
왕벚나무
매실나무
멜람포디움
비덴스
수국 '메구미'
금계국
밥티시아
복사나무

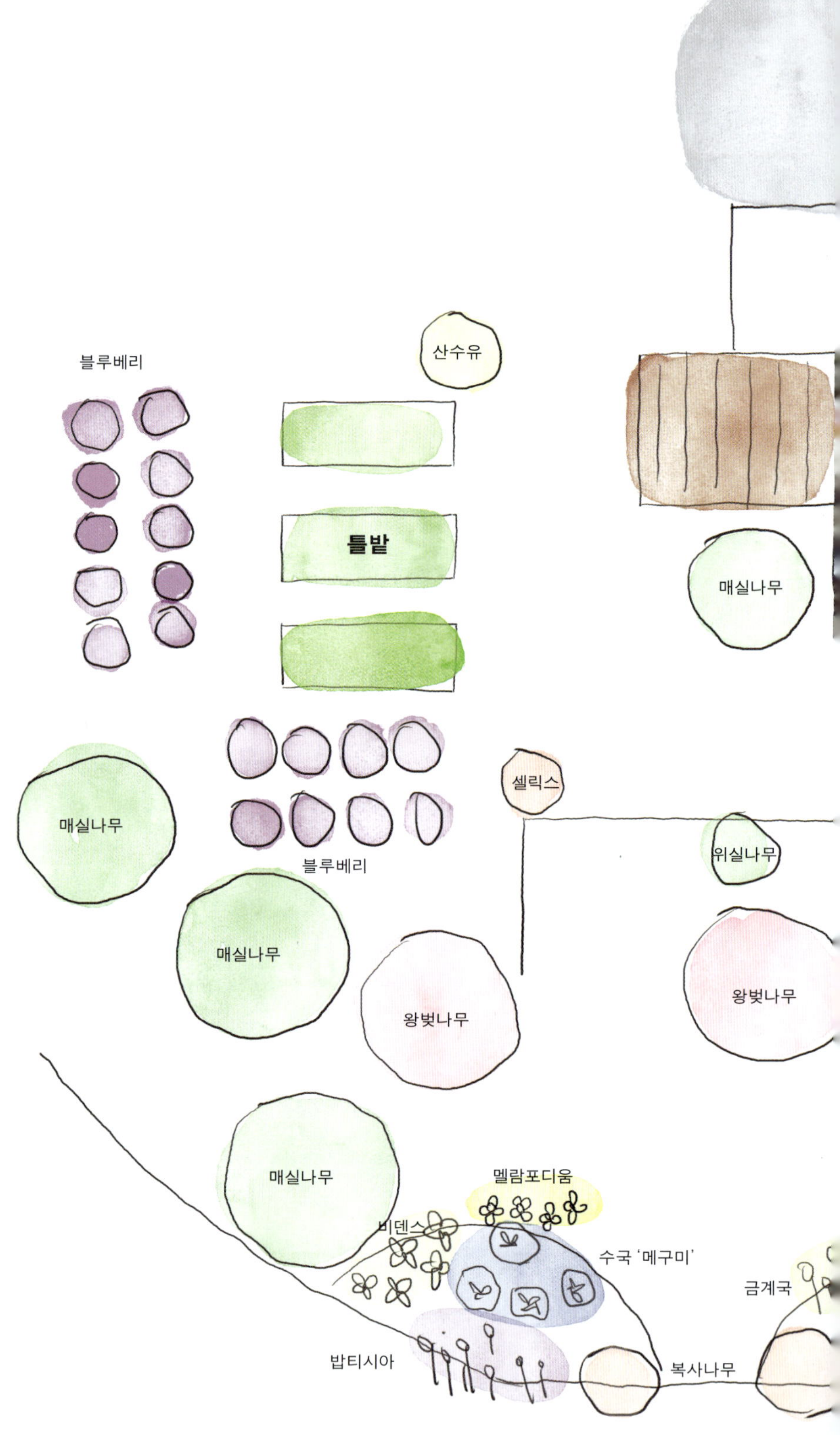

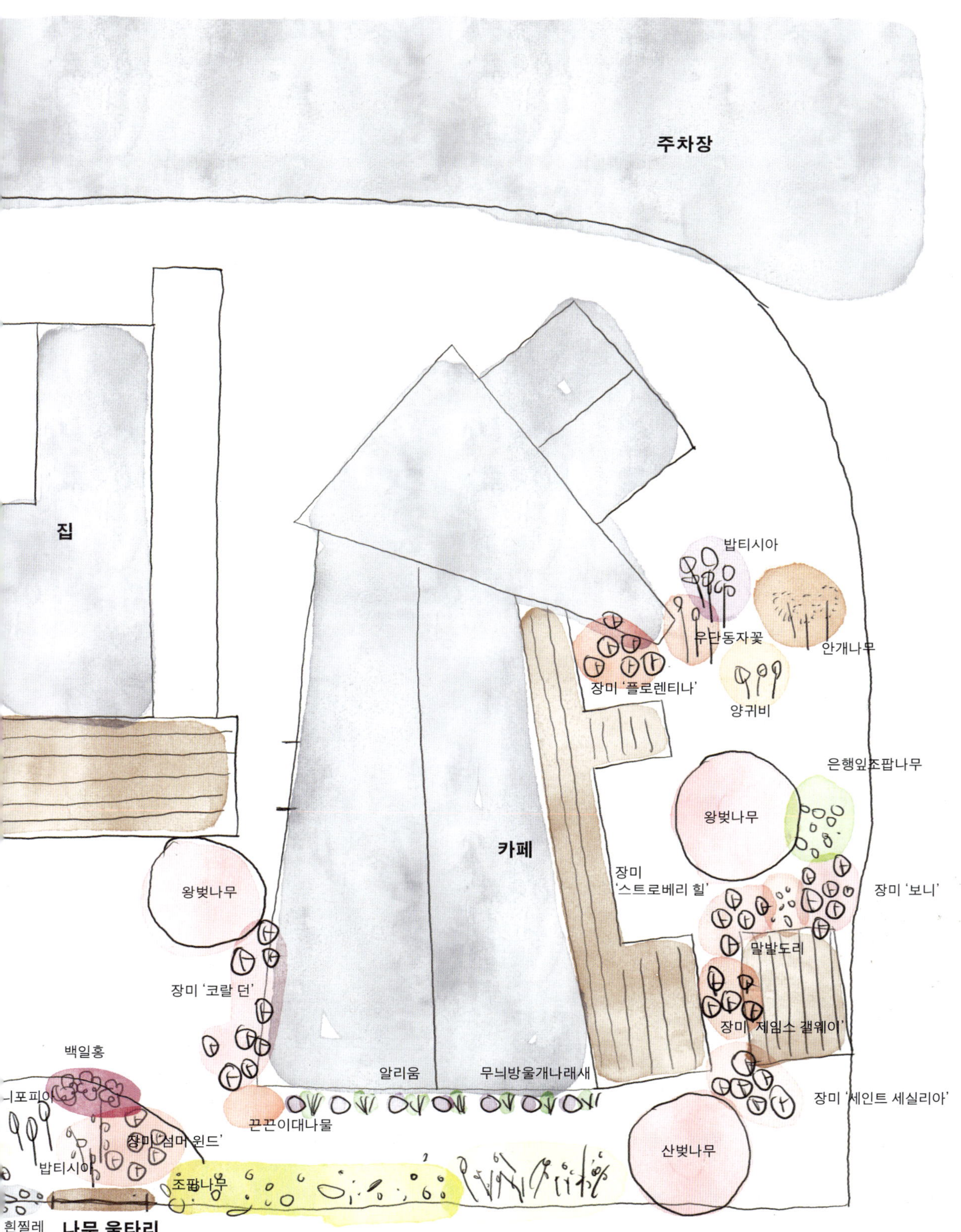

주차장
집
카페
밥티시아
우단동자꽃
안개나무
장미 '플로렌티나'
양귀비
은행잎조팝나무
왕벚나무
장미 '스트로베리 힐'
장미 '보니'
말발도리
장미 '제임스 갤웨이'
장미 '세인트 세실리아'
왕벚나무
장미 '코랄 던'
백일홍
니포피아
장미 '섬머 윈드'
밥티시아
흰찔레
조팝나무
나무 울타리
끈끈이대나물
알리움
무늬방울개나래새
산벚나무

나무 울타리 옆으로 펼쳐진 멋진 풍광.

**희영** 탁 트인 전망에 감탄만 나와요. 촬영 전 제가 정원도 둘러봤는데, 식물을 키와
볼륨, 색에 맞춰서 센스 있게 심었던데요. 구조물도 나무나 돌을 이용해서 자연스러운
멋이 있고요.

이곳에 돌이 정말 많았어요. 남편이 겨울에 할 일이 없으니까 여기서 나온 돌로
직접 돌담을 쌓았는데, 쌓고 나니 밋밋해서 그 옆에 나무 담을 만들었어요.

**희영** 역시 '미대 오빠'는 감각이 다르군요(홀리가든 지기의 남편은 SNS에서 '미대 오빠'라는
별명으로 불린다).

정원에 풀이 별로 없던 초반에는 사람들이 저거 말 타고 넘어가는 거냐고
농담하고 그랬어요. (웃음)

눈을 돌담 아래로 돌리니 화단 경계 없이 자연스럽게 식재된 식물들이 보인다.
파란 꽃을 단 밥티시아 아우스트랄리스부터 니포피아, 안개나무, 그리고 가장
바깥에는 키 작은 화사한 색의 백일홍까지. 포기가 크고 주황색으로 색이
쨍한 니포피아로 화단에 중심을 잡았고, 섬머 윈드 같은 여러 장미를 사이사이
심었다. 카페 오른편에 있는 작은 길을 함께 걷는다. 어디서 본듯한 꽃대를
가득 문 초화가 눈에 띈다.

**희영** 올망졸망 자주색 꽃이 핀 식물은 이름이 뭐죠?

끈끈이대나물이에요. 길가에서 쉽게 볼 수 있는 식물이라고 생각했는데, 과천에
있는 야생화 상점에 갔다가 이걸 파는 걸 보고 깜짝 놀랐어요.

**희영** 맞아요. 워낙 잘 번져서 없애려고 노력하는 사람들도 많잖아요.

그래도 저는 끈끈이대나물이 장마철이나 한여름 빼고는 늦가을까지 계속 꽃이
피고 져서 좋아해요.

**희영** 큰금계국도 그런 편이죠?

그렇죠. 큰금계국도 지금 한 번 피고, 가을에 또 한 번 펴요. 대신 중간에 꽃이
졌을 때 잘라줘야 하죠.

큰금계국이나 끈끈이대나물 모두 흔해서 사람들은 이들이 아름다운
꽃이라는 걸 종종 간과한다. 하지만 정원을 풍성하게 해주는 식물들이니 너무
홀대하지는 말자.

보라색 알리움은 카페 건물을 따라 쪼르르 심었다. 알리움 아래는 사초를
심었는데, 특히 '무늬염주그라스'라고 불리는 무늬방울개나래새는 폭신해서
고양이들이 소파처럼 이용하고 있었다.

우리나라에서 알리움과 튤립은 소모성 구근이지만, 홀리가든처럼 흙의 물
빠짐이 좋다면 거름을 챙겨주며 여러해살이로 키워볼 수 있다. 홀리가든을
다녀온 후 나도 가을에 튤립 구근과 함께 알리움을 심었다. 보랏빛 작은
꽃들이 동그란 공처럼 한가득 피는 알리움은 그 존재감도 상당하고
아름다워서 잠깐 보는 꽃이지만 포기하기 힘들었다.

**희영** **방금 흔한데 아름다운 식물 얘기했잖아요. 저는 수레국화도 그런 꽃인 거 같아요.
여기 수레국화는 씨를 뿌려 키운 건가요?**

아니요. 여기가 원래 수레국화가 많던 땅이었어요. 어느 해, 남편이 땅을 엎어서
수국을 심었거든요. 그런데 없어졌다고 생각했던 수레국화가 이렇게 다시
올라오더라고요.

**희영** **수레국화가 자연발아로 커서 그런지 생명력이 강해서 수국이 밀렸네요.**

네. 수국이 수레국화 등쌀에 밀린 느낌이죠. 그런데 이 수국은 살 때부터 이름이
없었어요. 그냥 일본 수국이라고 한번 키워보라고 해서 일단 심어 본 거예요.

**희영** **중부지방에서 당년지개화♦되는 메구미 아닐까요?**

직접 만든 나무 울타리 사이로 하얀 찔레꽃이 흐드러지게 피었다. 야생
찔레꽃이 자생한 것으로, 매년 홀리가든 지기의 남편이 울타리를 크게 넘지

---

♦　수국은 보통 전년도에 나온 가지 끝에 꽃눈을 만든다. 하지만 제주도와 남부지방을 제외한 지방
에서는 겨울 동안 이 꽃눈이 얼어 죽어버리면서 일 년 내내 수국의 잎만 보게 된다. 여러 종묘회사는
이를 보완하고자 그해 생긴 가지에도 꽃눈이 생기는 당년지개화 수국을 개발했다. 중부지방을 포함
한 추운 지역에 사는 가드너들은 이 희소식에, 집마다 당년지개화 수국을 사서 심었다.

않도록 관리하고 있다고 한다. 굽이굽이 아름다운 산세와 바람을 타고 오는 향이 얼마나 좋던지. 다른 정원에서 만나기 어려운, 산속 정원에서만 누릴 수 있는 호사였다.

바로 옆 화단 앞쪽에는 색색의 초화가 자리하고 있다. 자세히 보니 노란색 비덴스 페룰리폴리아(개량종)와 멜란포디움이다. 같은 꽃이 아닌 비슷한 색의 다른 꽃들을 한곳에 모아 심는 것도 좋은 아이디어다.

정원 사이사이 안젤라, 세인트 세실리아, 제임스 갤웨이, 스트로베리 힐 등 장미도 많다. 다만 홀리가든은 산속에 위치해 다른 지역보다 추워서 꽃이 늦게 피는 편이라고 했다.

**희영** **스트로베리 힐 향 맡아보셨어요? 향 맡으면 깜짝 놀랄 거예요. 저도 키우는데 향으로는 장미 중에 세 손가락 안에 드는 것 같아요. 짙은 몰약 향이 정말 황홀해요.** 기대되네요. 사실 장미 키우는 게 어려워서 예전에 많이 죽었거든요. 장미가 비싼데 죽으니까 속상하고 그랬는데, 지금은 잘 키우고 있어요.

**희영** **장미가 의외로 생명력이 강하더라고요. 계절이 지나면서 잎이 검게 얼룩덜룩 해지는 흑반병에 걸리는 건 어쩔 수 없지만요.**

카페 앞을 지나 주차장이 있는 건물 뒤쪽 정원으로 향했다. 이곳도 홀리가든 지기의 손길이 닿은 초화들이 피어나고 있다. 검은색 철제 아치 아래 옅은 핑크빛 쌀알 모양의 꽃을 피운 붉은말발도리가 눈길을 끈다. 잎 가장자리가 살짝 붉어 테를 두른 듯하다.

**희영** **토분에 심은 건 안개나무인가 봐요.** 일반 안개나무예요. 붉은 안개 같은 몽환적인 꽃잎이 달린 모습은 사실 꽃이 핀 게 아니라 지고 난 뒤 모습이라고 하더라고요.

정원 구경을 하는데 꽃밭 사이에 고양이 잭이 낮잠을 즐기고 있다. 이런 편안한 풍경이 바로 홀리가든의 매력. 잠든 고양이에게 조용히 인사하고 집

쪽에 있는 블루베리 밭으로 가는 문 쪽으로 향하니 그곳에 멋스러운 수형의 개키버들(셀릭스)이 나타났다. 원래 카페 자리에 있던 두 그루를 여기로 옮겨 심었는데, 한 그루는 몸살을 앓다 죽었다며 안타까워했다. 동그랗게 다듬은 셀릭스와 달리 공간에 어울리는 모습으로 자라서 바람결에 몸을 맡긴 걸 보니 마음이 편안했다.

<u>희영</u> **어머, 위실나무가 있네요. 타샤♦ 할머니 정원의 위실나무, 유명하잖아요.** 저는 다른 분이 심은 걸 보고 마음에 쏙 들어서 심게 됐어요. 근데 신기한 건 부러진 가지를 심었는데, 살았더라고요. 위실나무가 삽목도 잘되나 봐요.
<u>희영</u> **저도 자리만 있다면 위실나무를 꼭 심고 싶어요.**

♦ 타샤 튜터(Tasha Tudor, 1915~2008년). 미국의 대표적인 동화 작가이자 삽화가. 버몬트주의 깊은 산속에서 18세기 방식으로 자급자족 전원생활을 실천하며 정원을 가꿨다.

* * *

홀리가든에 다녀오고 정원이란 무엇일지 생각해봤다. 홀리가든은 어느 날 갑자기 만들어진 공간이 아니다. 부부가 차근차근 쌓아온 시간과 실패의 경험이 돌담 하나, 화단 하나에 담겨 특별한 공간으로 완성된 것이다. 첩첩산중에 이런 곳이 있을 거라고 누구도 예상 못 했을 것이다. 이들에게서 배운 삶의 여유와 이곳에서 느낀 자연의 아름다움은 나에게 또 다른 영감을 주기도 했다. 그래서인지 홀리가든 영상을 올리고 조회 수가 심상치 않더니 100만 뷰를 넘겨버렸다. 세상에, 정원 투어 영상이 100만 뷰가 넘다니! 댓글도 한국어뿐만 아니라 다른 언어가 등장하기 시작했다. 그들이 만든 이 공간을 온라인으로 보고 여러 나라 사람이 공감했다고 생각하면 가슴속에서 깊은 울림이 일어난다.

# 홀리가든 식물들

| 이름 | 학명 또는 품종명 | 참고 |
| --- | --- | --- |
| 밥티시아 아우스트랄리스 | *Baptisia australis* | 제법 큰 콩과식물. 보통 보라색 꽃이 피는 블루와일드인디고를 키우는데, 봄부터 초여름까지 긴 꽃대에 완두콩 모양의 꽃이 풍성하게 핀다. 꽃이 진 자리에는 콩 모양의 꼬투리가 생기고, 꼬투리를 흔들면 씨앗이 타악기처럼 경쾌한 소리를 낸다. |
| 니포피아 | *Kniphofia uvaria* | 늦봄부터 햇불 모양의 꽃을 피운다. 길다란 꽃대는 주황에서 노랑으로 그러데이션 돼서 굉장히 화려한 편. 척박한 토양에서도 잘 자란다. |
| 안개나무 | *Cotinus coggygria* | 봄에 피는 꽃이 안개처럼 몽실거리고 몽환적이라 영문 이름은 '스모크 트리'다. 자엽부터 왜성종까지 종류가 다양하다. 속성수이므로 심을 때 신중하게 자리를 잡아야 한다. |
| 백일홍 | *Zinnia elegans* | 흔하지만 잘 자라는 여름 대표꽃. 이름처럼 여름부터 서리 내릴 때까지 계속해서 아름다운 꽃이 핀다. |
| 장미 '섬머 윈드' | *Rosa* 'Summer Wind' | 독일 코르데스의 작은 관목장미. 요정 날개 같은 독특한 모양의 분홍색 꽃잎을 가졌다. 꽃잎은 20장 정도로 느슨하게 핀다. 향기는 약하지만 병충해에는 강한 편이다. |
| 끈끈이대나물 | *Silene armeria* | 줄기 윗부분 마디 밑에 끈적한 점액이 있어 붙은 이름이다. 번식력이 강해서 길가에서도 자주 볼 수 있다. |
| 큰금계국 | *Coreopsis lanceolata* | 5월부터 흔히 볼 수 있는 황금빛 국화과 식물이다. 척박한 곳에서도 잘 자라고 번식력이 매우 강하다. |
| 알리움 | *Allium* spp. | 가을에 심는 구근식물로, 봄에 제법 큰 동그란 모양(작은 꽃들로 이루어진)의 보랏빛 꽃을 올린다. 여름철 고온다습한 일부 지역에서는 구근이 녹을 수 있으니 관찰이 필요하다. |
| 무늬방울개나래새 (무늬엽주그라스) | *Arrhenatherum elatius var. bulbosum* 'Variegatum' | 흰색 무늬가 있는 작은 크기의 그라스. 거칠지 않고 폭신해서인지 정원을 찾는 고양이들에게 쿠션(?)으로도 인기가 좋다. 바람이 잘 통하는 반음지에서 잘 자란다. |
| 수레국화 | *Centaurea cyanus* | 주로 파란색 꽃이 피지만, 흰색과 분홍색 꽃이 피는 종류도 있다. 척박한 땅에도 잘 자란다. 무리 지어 자라도록 씨를 뿌리면 아름다운 모습을 볼 수 있다. |

| 이름 | 학명 또는 품종명 | 참고 |
| --- | --- | --- |
| 수국 '메구미' | *Hydrangea macrophylla* 'Megumi' | 새로 올라온 가지에서도 꽃이 피는 신품종이다. 월동이 가능하며, 토양 산성도에 따라 분홍빛이나 푸른빛으로 꽃이 핀다. |
| 찔레꽃 | *Rosa multiflora* | 야생에서 자라는 장미의 원형종. 주로 홑잎인 흰색 찔레가 자생한다. 5월에 꽃이 피며, 10월에 빨간 열매를 맺는다. |
| 비덴스 페룰리폴리아 | *Bidens ferulifolia* | 114쪽 참고. |
| 멜람포디움 | *Melampodium paludosum* | '애기해바라기'라고도 불리는 국화과로, 겨울은 못 나지만 초여름부터 서리 내릴 때까지 노란 꽃을 피운다. |
| 장미 '안젤라' | *Rosa* 'Angela' | 32쪽 참고. |
| 장미 '세인트 세실리아' | *Rosa* 'St. Cecilia' | 영국 데이비드 오스틴의 관목장미로, 옅은 살구색과 핑크색으로 폈다가 점점 흰색으로 색이 바래는 특징이 있다. 꽃이 다발로 피고 가지가 길고 곧아 절화용으로도 좋다. 향이 강하며, 꽃 모양은 둥글다. |
| 장미 '제임스 갤웨이' | *Rosa* 'James Galway' | 영국 데이비드 오스틴의 장미. 관목으로도 덩굴로도 키울 수 있다. 130장이 넘는 꽃잎으로 이루어진 대륜의 로제트형이다. 연속개화성이 좋고 반그늘에서도 잘 큰다. |
| 장미 '스트로베리 힐' | *Rosa* 'Strawberry Hill' | 영국 데이비드 오스틴의 덩굴장미. 꽃은 살구빛 섞인 우아한 핑크색이다. 강한 몰약과 과일 향이 굉장히 인상적이다. |
| 붉은말발도리 '유키 체리 블로섬' | *Deutzia* × *rosea* 'Yuki Cherry Blossom' | 원예종 말발도리로, 크기가 아담하고, 벚꽃을 닮은 화사한 핑크색 꽃이 특징이다. 늦은 봄에 가지를 잘라 꺾꽂이해서 번식할 수 있다. |
| 개키버들 '하쿠로니시키' (셀릭스) | *Salix integra* 'Hakuro-Nishiki' | 113쪽 참고. |
| 위실나무 | *Kolkwitzia amabilis* | 늘어지는 가지에 늦봄부터 피는 핑크빛 꽃이 장관이다. 타샤 튜더의 정원에서도 아름다운 모습을 보여 인기인 나무. 이른 봄 가지치기를 하면 꽃을 보기 힘들다. |

# 7

## June, summer

# 카페 다루지

## 4대가 함께 가꾼 정원

강화도 너른 정원 카페 다루지. 이곳은 놀랍게도 4대째 후손들이 관리하는 역사적인 장소다. 부지런하고 손재주가 좋은 부부는 과수원과 농장을 정리한 뒤 손수 그 자리에 넓은 정원을 가꾸기 시작했고, 막내딸은 이곳을 카페로 바꿨다. 이 땅에 나온 베이지색 돌로 만든 담장, 화단, 건축물과 자연스럽게 식재한 허브, 그라스, 나무가 어우러진 풍경은 유럽 어딘가의 아름다운 시골 정원이 아닐까 싶을 만큼 이국적이다.

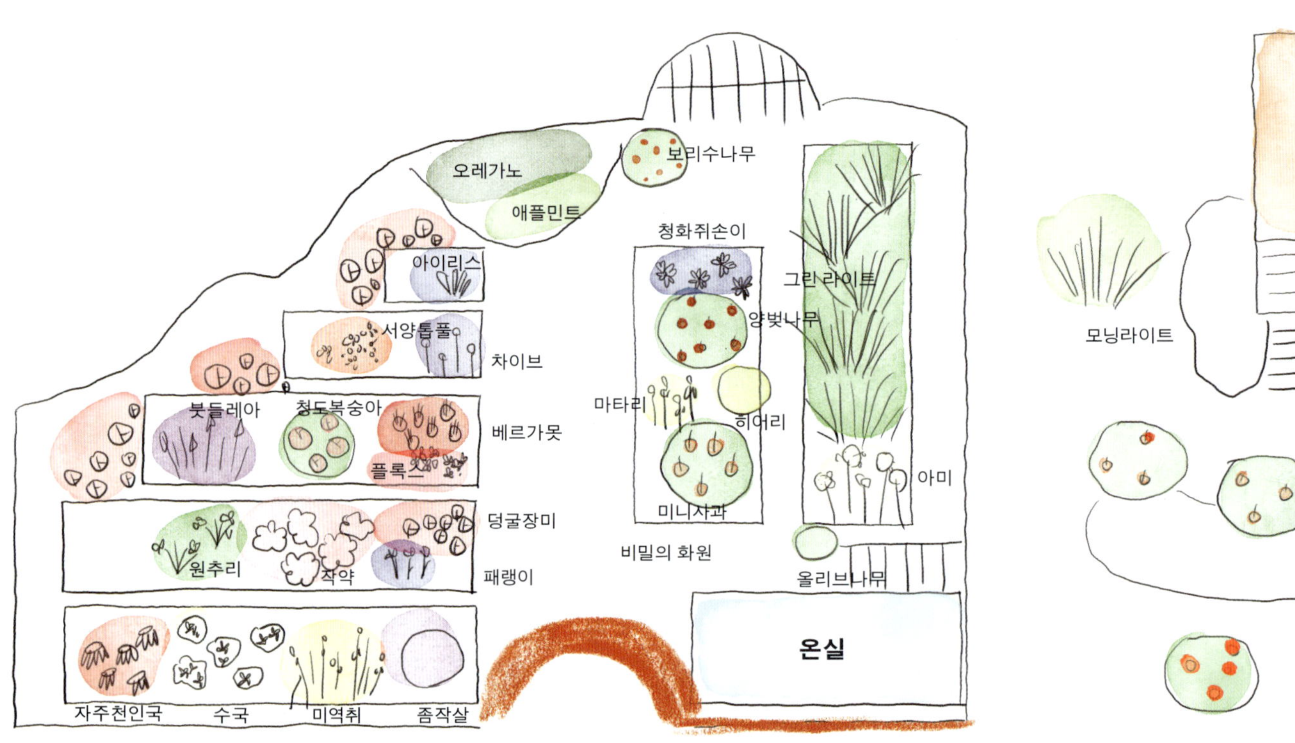

오레가노
애플민트
보리수나무
청화쥐손이
그린 라이트
아이리스
서양톱풀
차이브
양벚나무
붓들레아
청도복숭아
베르가못
마타리
히어리
플록스
원추리
작약
덩굴장미
패랭이
미니사과
아미
비밀의 화원
올리브나무
온실
자주천인국
수국
미역취
좀작살
모닝라이트
주차장

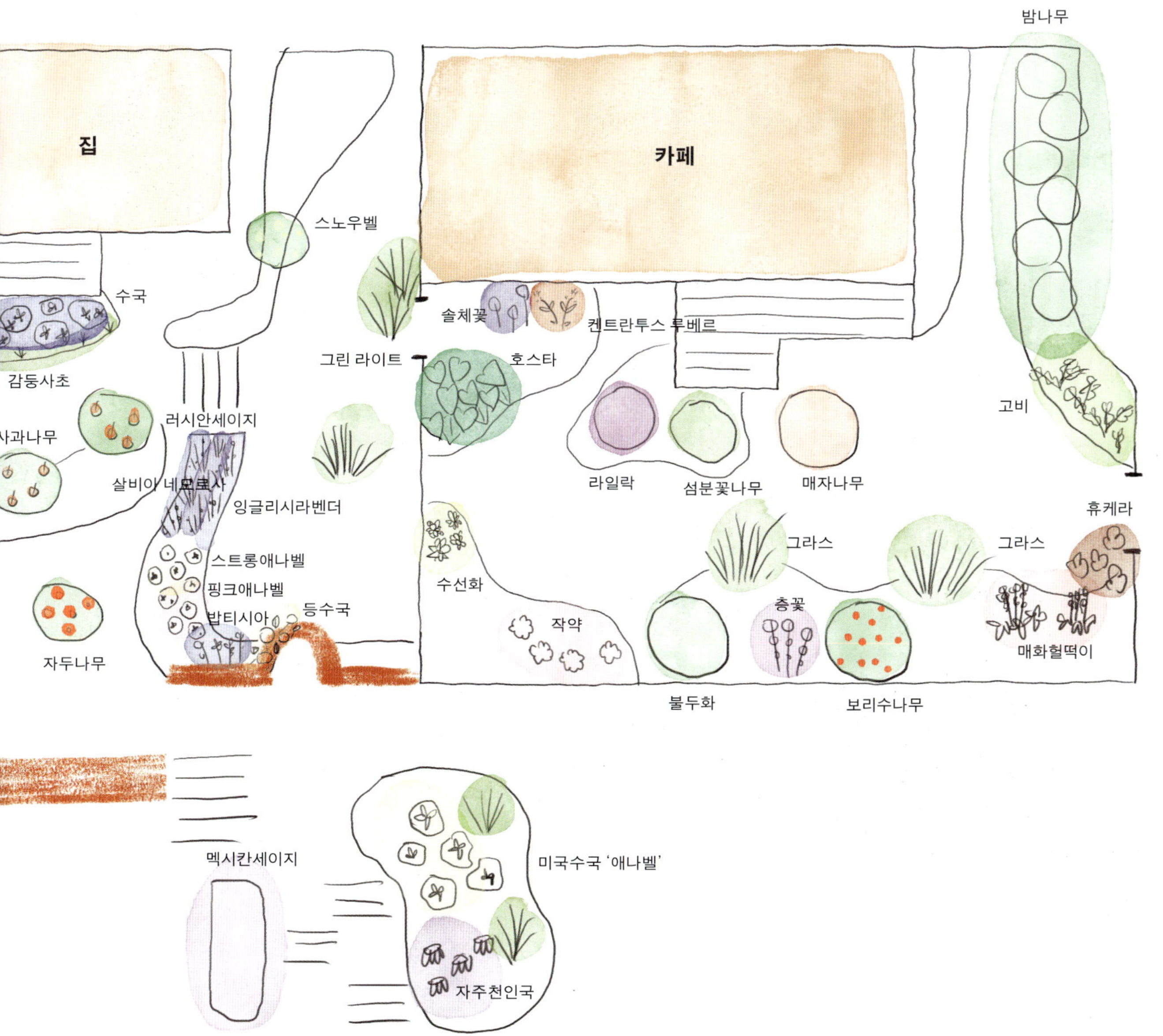
집
카페
밤나무
스노우벨
수국
솔체꽃
켄트란투스 루베르
고비
그린 라이트
호스타
감둥사초
사과나무
러시안세이지
라일락
섬분꽃나무
매자나무
휴케라
살비아 네모로사
잉글리시라벤더
그라스
그라스
스트롱애나벨
핑크애나벨
밥티시아
등수국
수선화
층꽃
매화헐떡이
자두나무
작약
불두화
보리수나무
멕시칸세이지
미국수국 '애나벨'
자주천인국

직접 쌓은 낮은 돌담 위에 만든 화단.

**희영 4대가 쭉 사셨던 공간이라고요?**

아주 오래된 집이에요. 목수였던 시조부님이 지은 한옥을 남편이
리모델링했어요.


다루지 지기의 오른편으로 남편이 직접 쌓았다는 돌 화단 가득
잉글리시라벤더가 보랏빛 물결을 이루며 흐드러지게 피었다.


**희영 강화도가 꽤 추운 지역이라고 들었는데, 라벤더가 잘 자랐어요.**

라벤더는 추위보다 고온다습한 걸 정말 힘들어해서 장마철에 잘못될 확률이
커요. 그래서 저희는 7월에 씨앗이 앉아서 라벤더가 은회색으로 변했을 때
면도를 하듯 짧게 잘라줘요. 그러면 가을에 또 새로운 꽃대가 올라와서 꽃이
멋들어지게 피고, 노지월동도 하더라고요.

**희영 자세히 보니 옆에 있는 건 라벤더가 아니네요.**

네, 투톤으로 심어보고 싶었어요. 그래서 라벤더보다 짙은 보라색인 살비아
네모로사(숙근샐비어)를 심었어요. 그 뒤에는 키 큰 러시안세이지를 심었는데,
잉글리시라벤더와 살비아 네모로사보다 밝은 연보라니까 쓰리톤으로 즐길 수
있어요.

**희영 그러고 보니 모두 노지월동을 하는 허브들이네요.**

러시안세이지는 고온다습한 환경도 잘 견뎌요. 2월쯤에 밑동을 시원하게 치면,
6월쯤 보기 좋게 크고요.


다른 쪽 화단에는 스트롱 애나벨과 핑크 애나벨 등 수국이 한가득 피어 있다.
강화도가 춥다 보니 일반적인 수국이 꽃을 피우는 데 여러 번 실패했고, 결국
찾은 것이 나무수국♦이었다고 한다.
애나벨 수국을 뒤로하고 걷다 보니 아치가 있는 문 옆으로 처음 보는
어마어마한 크기의 밥티시아 아우스트랄리스가 있다. 보라색 꽃이 피면


♦ 나무수국은 전지를 과감하게 해야 한다. 초봄에 가지를 바싹 자르면 이후 쓰러지지 않고 꼿꼿하
고 예쁘게 꽃을 피운다.

장관이라고.

**<u>희영</u> 아치 입구에 올린 식물은 뭐예요?**

등수국이에요. 어디선가 노란 장미를 아치에 올린 걸 봤는데, 그게 참 예뻐서
저희도 노란 장미로 해봤어요. 그런데 가시도 많고 잎도 노랗게 병들어서 예쁘지
않더라고요. 그래서 장미에게는 미안하지만 다른 곳으로 옮기고 등수국을
심었어요. 그랬더니 등수국이 굉장히 힘차게 올라가고, 흰 꽃과 향이 모두
좋더라고요. 아마 강화도에 적합한 품종인가 봐요.

등수국 아치의 대문을 열고 나가면 허브로 가득한 언덕길 아래로 논밭이
시원하게 펼쳐진다. 멀리서 보니 입구부터 자연스럽게 이어진 돌담이 더 눈에
들어온다.

이 부지가 원래 과수원이어서 다 언덕이었어요. 그 언덕을 따라 남편이 돌담을
쌓았는데, 초기 작품이라 사면 처리가 어려웠는지 좀 어설퍼요.

**희영  그게 전 오히려 자연스러워서 보기 좋은데요?**

조금 있으면 저 돌담 위로 멕시칸세이지가 벨벳처럼 멋지게 펴요. 그러면 돌담의
어설픔을 다 덮어버리죠. 그래서 남편이 멕시칸세이지를 좋아하는 것 같기도
하고……. (웃음)

한참을 웃으며 다루지 지기를 쫓아 걸으니 또 다른 아치와 대문이 보였다.
문을 열자 온실 한 채가 나왔다. 돌을 쌓아 만든 벽과 나무 프레임으로 만든
문과 창문, 올리브 나무와 온실 안 가득한 제라늄. 서유럽 어디쯤 같은 풍경을
누리는 다루지 지기와 이웃들이 부러워졌다.

비밀의 화원입니다!

**희영** 감탄을 멈출 수가 없네요. 너무너무 부러워요.

테이블부터 문까지 여기 있는 모든 게 남편이 만든 거예요. 분갈이할 때 허리 굽히지 말라고 작업대도 만들어줬고요.

**희영** 어쩜, 이런 공간이 있죠?

여름에는 식물도 햇빛을 적당히 막는 게 좋더라고요. 그래서 직접 만든 패브릭으로 막아봤어요.

온실은 일주일에 두 번, 이웃들이 놀러와 바느질 모임을 하는 공간으로 쓰이기도 한다. 열어둔 문밖으로 1미터쯤 높이로 쌓아 올린 돌담 위, 널찍한 화단이 펼쳐진다. '드레스 입고 농사짓고 싶다'는 아내의 장난 섞인 투정에 남편은 '알았어, 그럼' 하더니 화단을 높여서 만들었다고 한다. 이렇게 화단이 높으면 관리할 때도 편하지만, 물 빠짐도 좋아 식물도 잘 자라니 일거양득이다.

**희영** 여기, 물은 어떻게 주세요?

점적관수 시스템을 만들었어요. 점적관수의 장점은 물이 방울방울 떨어지면서 땅속 깊은 곳까지 천천히 잘 스민다는 거죠. 보통 밤에 틀어놓고 새벽에 와서 물을 꺼요. 정원 가꾸는 분들은 꽃밭에 물 주는 일에 시간을 상당히 써야 하잖아요. 그런 면에서 아주 유용해요.

드레스 입고도 꽃농사를 지을 수 있게 만든 화단에는 꿀벌이 가득한 보리지도 한창이고, 자주천인국(에키네시아), 아미(아미초), 그라스 등 건강하고 아름다운 꽃들이 넘실거린다. 카메라를 어디에다 들이대도 잡지에 나오는 유럽 시골 풍경 같다.

**희영** 카페 테이블에 있는 꽃들은 정원에서 꺾어다 쓰는 거죠?

매번 정원 꽃으로 카페 테이블을 장식해요. 요즘에는 서양톱풀이 금세 시들지 않아서 좋더라고요.

**희영  정원 가꾸는 사람이라면 누구나 절화 정원을
꿈꾸잖아요. 환상적이네요.**

자리를 옮겨 다루지 지기 남편의 화단으로
갔다. 차이브, 오레가노, 자주천인국 같은 꽃과
허브뿐만 아니라 양벚나무, 사과나무, 살구나무
등 과실수도 제대로 관리하여 키우고 있었다.

자연발아한 자주천인국 새싹들을 키워 풍성하게
밭을 만들었어요. 가을에 꽃이 지고 맺힌 씨가 정말
멋져서 '겨울에 저 위로 눈이 쌓이면 정말 멋지겠다'
했거든요. 그런데 어느 날 외출하고 돌아오니 모조리
사라진 거예요.

**희영  왜요?**

남편이 지저분해서 다 잘랐대요.
전 도둑이 와서 남김없이 뜯어간 줄 알았어요.(대폭소)

보랏빛 연핑크와 진핑크가 섞인 베르가못,
보리수와 카밀레를 지난다. 쌈채소에게 그늘을
만들어주려고 심은 더덕을 올린 퍼걸러도
흥미롭다. 넓디넓은 비밀의 화원을 부러워하고
감탄하면서 카페 쪽 정원으로 향했다. 정원으로
들어가는데 멋스러운 검은색 철제 문이 눈에
띈다. 이 문 역시 다루지 지기의 남편이 직접 만든
것. 손님들이 앉는 테이블 사이사이로 그라스를
파티션처럼 조화롭게 식재했다.

여기는 나만 아는 아는 오솔길 같은 느낌을 주려고

곳곳에서 가족의 손길이 느껴진다.

했어요. 그라스 사이사이 '센트란투스'로 알려진 켄트란투스 루베르, 솔체꽃 등 초화를 심었고요. 화단 가장자리에는 휴케라도 있어요.

산과 담장으로 나누어진 카페 끝자락에는 고비가 심어져 있다. 화단과 바닥이 만나는 모서리에 늘 잡초 씨가 앉았는데, 어느 날 다루지 지기의 남편이 '잡초가 올라오는 것보다 얘네가 나을 것 같다'며 산에서 고비를 캐다가 쭉 심었다고 한다.

여름 고비가 싱그럽더라고요. 남편 칭찬해보기는 또……. (웃음) 돌만 잘 쌓는 줄 알았더니 이런 센스가 있다니요.

* * *

촬영 중 다루지 지기의 이야기를 들으며 나는 이곳의 과거를 상상했다. 1980년대 강화도 산속 한옥에 시집온 밝은 성격의 아가씨와 말수가 적은 솜씨 좋은 청년. 시조부가 지은 한옥에서 낳은 딸들. 그 땅에 나온 돌을 허투루 쓰지 않고 모아 돌담을 쌓는 모습. 과수원이 되고 축사가 되고 카페가 되는 변화. 이것은 이 땅의 역사이자 가족의 역사다. 모든 것이 빠르게 변하는 세상에서 가족이 조상의 터에 모여 이렇게 오랫동안 그 자산과 전통을 지키며 가꾸고 있다는 사실은 내가 무엇을 잊고 있는지 돌아보게 했다. 봄의 다루지에 다녀온 후, 보르도 같은 잎을 자랑하는 멕시칸세이지가 넘실거린다는 다루지의 가을 풍경이 보고 싶어서 참을 수가 없었다. 결국 나는 다시 다루지로 향했다.

# 카페 다루지 식물들

| 이름 | 학명 또는 품종명 | 참고 |
| --- | --- | --- |
| **라벤더(잉글리시라벤더)** | *Lavandula angustifolia* | 라벤더 중 가장 인기 있다. 6~8월에 보라색 꽃이 피며 꽃대가 길다. 해가 잘 들고 건조한 곳에서 잘 자라며, 노지월동도 할 수 있다. 겨울에 과감하게 줄기와 잎을 치면 더욱 건강하게 자란다. 수명이 길다. |
| **살비아 네모로사** | *Salvia nemorosa* | 예전엔 '사루비아'라고 불리기도 했다. 5월부터 기다란 줄기에 꽃을 풍성하게 피운다. 보라색 꽃이 흔하지만 분홍색, 흰색 등도 있다. 노지월동도 하고 척박한 땅에서도 잘 자란다. 키가 크지 않아 장미 화단 앞쪽에 심으면 봄에 장미와 함께 개화하는 모습이 아름답다. |
| **러시안세이지** | *Perovskia atriplicifolia* | 73쪽 참고. |
| **미국수국 '핑크 애나벨'** | *Hydrangea arborescens* 'Ncha1' (Pink Annabelle) | 인기 있는 스트롱애나벨을 개량한 품종. 처음에는 진한 핑크색으로 꽃이 펴서 빈티지한 핑크빛으로 변한다. 빛이 강한 곳보다 반양지에서 잘 자란다. |
| **밥티시아 아우스트랄리스** | *Baptisia australis* | 134쪽 참고. |
| **등수국** | *Hydrangea petiolaris* | 덩굴로 크는 수국으로, 늦봄부터 초여름에 걸쳐 피는 하얀 꽃이 우아하다. 음지에서도 잘 자라고 관리도 편하다. |
| **멕시칸세이지** | *Salvia leucantha* | 가을에 벨벳 같은 특이한 촉감의 보라색 꽃이 화려하게 핀다. 제법 덩치도 커서 존재감이 있다. 벌과 나비가 사랑하는 밀원식물이기도 하다. |
| **올리브나무** | *Olea europaea* | 올리브가 열리는 나무로, 은빛 나는 두꺼운 잎이 매력적이다. 우리나라 노지에서는 겨울을 나지 못해 실내에서 관리해야 한다. |
| **제라늄** | *Pelargonium* spp. | 베란다에서도 키우는 대표적인 원예식물. 토분에 심으면 정말 잘 어울린다. 과습에 약하므로 정원에서 키울 때는 처마 아래 심는 등 관리가 필요하다. |

| 이름 | 학명 또는 품종명 | 참고 |
| --- | --- | --- |
| **보리지** | *Borago officinalis* | 6월부터 별 모양의 선명한 파란색 꽃이 피는 허브다. 내한성도 좋고 척박한 토양에서도 잘 자라며 병충해에도 강하다. 꽃봉오리일 때는 털이 보송보송 나 있다. 개와 고양이에게 치명적일 수 있으니 주의해야 한다. |
| **자주천인국(에키네시아)** | *Echinacea purpurea* | 33쪽 참고. |
| **아미(아미초)** | *Ammi majus* | 하늘하늘한 긴 가지 위에 작은 하얀 꽃들이 둥글게 모여 우아하게 핀다. 겨울은 못 나지만 씨가 떨어져 잘 올라온다. 손으로 뽑을 때는 장갑을 끼는 게 좋다. |
| **서양톱풀** | *Achillea millefolium* | 잎의 모양이 톱니처럼 생겨서 톱풀이라고 불린다. 6월부터 긴 줄기 끝에 작은 꽃이 우산 모양으로 모여서 풍성하게 핀다. 생명력이 강해서 겨울도 나지만, 잘 퍼지니 조심해야 한다. |
| **차이브** | *Allium schoenoprasum* | 유럽에서 요리할 때 자주 쓰는 부추 같은 허브. 잎은 잘게 다져 샐러드나 드레싱을 만들 때 쓰고, 꽃은 말려서 요리 장식으로 쓴다. 5~6월에 긴 줄기 위에 동그란 보라색 꽃이 핀다. 겨울도 잘 나고 생명력도 좋다. |
| **오레가노** | *Origanum vulgare* | 요리할 때 흔히 쓰는 허브. 정원에서도 겨울을 잘 나서 키우기 좋다. 6월이 되면 보랏빛을 띤 작은 꽃이 핀다. |
| **양벚나무** | *Prunus avium* | 요즘 우리나라에서도 많이 키우는 과실수다. 영양이 풍부하고 배수가 잘 되는 땅에 심어야 한다. |
| **사과나무** | *Malus domestica* | 사과나무는 방제를 수시로 해야 하고, 거름도 적절히 줘야 하므로, 가정에서 사과나무 키우기는 추천하지 않는다. |
| **살구나무** | *Prunus armeniaca* | 과실수는 신경 써야 할 것이 많으므로 정원 관리에 익숙하지 않다면, 식재를 추천하지 않는다. |
| **베르가못** | *Monarda didyma* | 32쪽 참고. |
| **보리수나무** | *Elaeagnus umbellata* | 작고 긴 빨간 열매가 달리는 과실수다. 비교적 키우기 쉬워 일반 정원수로도 괜찮다. |

| 이름 | 학명 또는 품종명 | 참고 |
| --- | --- | --- |
| **카밀레(저먼 캐모마일)** | *Matricaria chamomilla* | 식용으로 사용할 수 있으며, 은은한 사과 향이 난다. 한해살이다. |
| **더덕** | *Codonopsis lanceolata* | 여름부터 가을까지 종 모양의 꽃이 아래를 향해 핀다. 덩굴식물이므로 지지대를 세워 키우는 것이 좋다. |
| **켄트란투스 루베르 (레드바레리앙)** | *Centranthus ruber* | 긴 가지 끝에 붉은빛의 작은 꽃들이 뭉쳐 핀다. 노지월동이 가능하며 연속개화성도 좋다. |
| **솔체꽃** | *Scabiosa comosa* | 작고 동그란 꽃에 삐죽 올라온 아름다운 색의 수술이 조화롭다. 겨울은 못 나지만 연속개화성이 좋고 절화로도 자주 사용된다. |
| **휴케라** | *Heuchera sanguinea* | 89쪽 참고. |
| **고비** | *Osmunda japonica* | 산에서도 쉽게 볼 수 있는 대표적인 음지식물. 습하고 그늘진 곳을 채울 때 쓸 수 있다. 흔히 '고사리'라고도 부른다. |

# 8

# June, summer

2024년 6월 ▶ 제주시 구좌읍 ▶ 대지 1600평

# 송당나무

## 플로리스트에서 가드너로

제주도 정원 카페인 송당나무를 처음 본 건 TV에서였다. 당시 나는 양평에 집을 짓고 마당이 생긴 후라 부쩍 정원에 관심을 쏟고 있었다. 그러던 중 서울에서 플로리스트를 하다가 제주시 구좌읍 너른 땅에서 정원을 일구느라 고생 중인 송당나무 지기의 이야기에 나는 매료됐다. 정원을 만드는 모든 과정이 무엇보다 재미있었다. 굽이굽이 붉은 흙의 당근밭을 지나 도착한 그곳은 꽤나 이국적인 풍경이었다. 방송에서는 이제 막 일구는 정원이었는데, 어느새 자연스러운 코티지 가든이 되어 있었다.

# 송당나무 평면도

**절화 화단 1**
백일홍
천일홍
맨드라미
달리아

**절화 화단 2**
오를라야 그란디플로라
금어초
수레국화
라넌큘러스
밀짚꽃

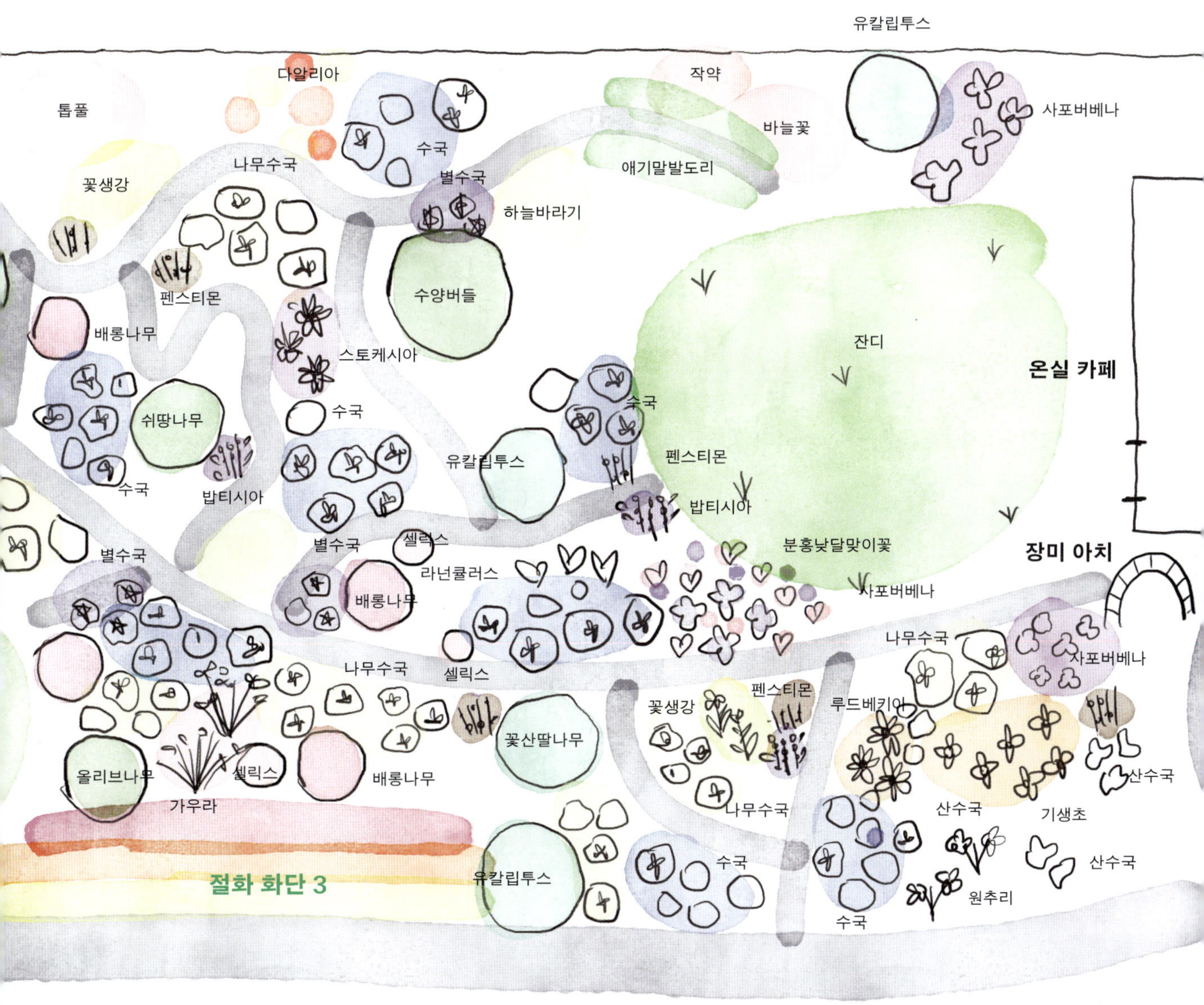
유칼립투스
다알리아
작약
사포버베나
톱풀
수국
바늘꽃
꽃생강
나무수국
별수국
애기말발도리
하늘바라기
펜스티몬
수양버들
배롱나무
스토케시아
잔디
온실 카페
수국
쉬땅나무
수국
펜스티몬
유칼립투스
밥티시아
수국
밥티시아
별수국
셀릭스
분홍낮달맞이꽃
장미 아치
라넌큘러스
배롱나무
사포버베나
별수국
나무수국
사포버베나
나무수국
셀릭스
꽃생강
펜스티몬
루드베키아
꽃산딸나무
산수국
올리브나무
셀릭스
배롱나무
나무수국
산수국
기생초
가우라
산수국
절화 화단 3
유칼립투스
수국
원추리
수국

**희영 정원이 엄청 넓어 보이는데, 몇 평인가요?**

처음에 제주도에 내려왔을 때 뭣도 모르고 욕심을 부려서 땅을 좀 크게 샀어요.
하지만 타샤 할머니에 비하면 큰 정원도 아니죠. (웃음) 지금 관리하는 땅이
1600평 정도 돼요.

**희영 순수미술을 전공하고 플로리스트를 했던 걸로 알고 있어요.**

맞아요. 그래서 저는 제 정원을 만들게 되면 꼭 꽃이 있어야 한다고 생각했어요.
지금도 그렇지만 당시에 제주도는 그라스 정원이나 이끼 정원이 유행이었거든요.
그런데 저는 꽃이 많은 정원이 좋더라고요. 그리고 쉬운 꽃보다는 뒤치다꺼리를
해줘야 하는 꽃을 키우는 게 제 성격에 맞기도 하고요.

**희영 원래 여기가 당근밭이었죠? 당근밭을 꽃밭으로 바꾸는 과정이 쉽지 않았겠어요.**

구좌읍은 제주도 다른 지역에 비해 흙이 굉장히 고와요. 돌도 없고요. 게다가
폭우가 집중되는 지역 중 하나예요. 땅을 살 때는 날씨가 좋아서 전혀 몰랐는데,
비가 많이 온 다음 날 밭에 발을 딱 딛는 순간 무릎까지 쑥 빠지더라고요. 그래서
토목 공사를 굉장히 많이 했어요. 눈에는 보이지 않지만 땅에 배수용관을 많이
묻었습니다. 정원인데 보통 밭처럼 이랑을 만들면 보기 좋지 않을 것 같아서요.

**희영 주차장에서 들어오는 길에 장미를 올릴 만한 아치가 있더라고요. 제주도 분들한테
듣기로는 장미가 잘 안 된다고 하던데요.**

매년 봄에 태풍이 지나가는데, 장미가 보통 봄가을에 피잖아요. 장미가 필 때
날씨가 엉망이니까 아무래도 어렵죠. 그래도 찔레 계열의 얼굴이 작은 장미는 잘
버티는 편이에요. 데이비드 오스틴의 장미들처럼 얼굴이 큰 장미는 고생하니까
피하는 게 좋고요. 목향장미가 피는 이른 봄은 날씨가 괜찮아서 키워볼까
싶다가도, 신경 쓸 다른 식물들이 워낙 많아서 엄두를 못 내고 있어요.

남부지방에는 가시가 별로 없고 소박한 노란색 꽃이 피는 목향장미 명소가 몇
곳 있다. 장미를 좋아하는 나도 심어봤는데, 아쉽게도 중부지방에서는 겨울을

나지 못했다.

카페와 수업을 겸하는 유리 건물 앞으로 너른 잔디밭이 보인다. 잔디밭 너머 계절에 어울리는 꽃이 넘실대는 코티지 가든이 있다. 정원을 들어서자마자 엄청난 크기의 식물들이 시선을 끈다.

**희영** 제주도에 이제 애나벨 수국들이 피고 있던데, 아직 꽃이 안 올라온 걸 보니 나무수국인가요?

애나벨은 가지가 좀 얇잖아요. 그래서 바람 많은 제주에서는 키우기 힘들어요. 이건 나무수국인 라임라이트. 9년 전에 몽당연필만 한 가지를 삽목한 거예요.

**희영** 이렇게 팔뚝처럼 굵은 나무수국 줄기는 처음 봤어요.

송당나무 지기가 가리킨 나무수국의 목대는 엄청난 굵기였다. 팔뚝만 한

꽃잎이 별을 닮은 별수국.

굵기의 라임라이트라니. 눈으로 보면서도 믿기 힘들었다.

무늬가 있는 산수국을 보러 가는 길에는 수선화, 큰꿩의비름 등 작은 식물이
가득했다. 아래를 보며 조심히 걸으니 밟아도 괜찮단다.

산수국은 유성화와 무성화가 섞여 있잖아요. 사실 한라산 중산간 지역에
들어가면 자생하는 산수국이 많아요. 그러다 보니 산수국끼리 교잡이 되면서
새로운 품종이 꽤 생기거든요. 그걸 구하러 산으로 들로 다니는 분들이 있어요.
그분들이 식물을 모아둔 곳에 가서 보니 요즘 유행하는 특이한 식물이랑 비슷한
게 많더라고요. 저도 변종된 수국 삽목가지를 얻어서 4~5년 정도 키웠어요.

산수국 안에 보글보글해 보이는 부분이 유성화, 겉에 꽃잎으로 이루어진
부분이 무성화다. 산수국의 무성화 부분으로만 이루어진 꽃이 수국이다.

비슷한 예로는 불두화와 백당나무가 있다. 백당나무의 꽃은 산수국처럼
안쪽은 유성화, 바깥은 무성화다. 그래서 백당나무에는 가을에 빨간 열매가
달린다. 불두화는 열매는 안 달리지만, 일반 수국처럼 하얀 무성화 꽃들로
동그랗게 핀다.

**희영  여기 밥티시아 아우스트랄리스(이하 밥티시아) 꽃이 이쁘게 피어 있네요.**
밥티시아가 왠지 여름꽃 같은 느낌인데, 실제로는 이른 봄에 꽃이 적을 때
존재감 있게 쑥쑥 올라와서 정원을 밝히잖아요. 그래서 정원에 심기를 추천하는
식물이에요. 다만 밥티시아 번식은 삽목이 낫더라고요. 씨로는 잘 안 되고요.
그 옆에 펜스티몬은 품종이 다양해서 이것저것 키워봤거든요. 자엽펜스티몬이
번식력도 강하고 잘 커요. 다른 품종들은 학명도 다르지만, 일자로 쭉쭉
올라오지 않아서 바람 많은 제주도에서는 이상하게 크더라고요. 보통 씨앗은
번식에 유리하려고 건드리면 멀리까지 팡 튀잖아요. 그런데 펜스티몬 씨앗은
그러지 않고 늦가을까지 잘 달려 있어서 그 모습 자체로 관상 가치가 있어요.
**희영  어머나, 사포버베나랑 분홍달맞이꽃이 함께 피어 있는 모습도 인상적이에요. 카펫
같아요.**
다른 곳에서 썼으면 의문스러운 색 조합이긴 한데 정원에서는 촌스러운 게 짱인
거 같아요. 어떤 사람이 보라색 바지랑 핑크색 티셔츠를 입었다고 생각해봐요.
얼마나 촌스러운지. (웃음)


보라색 사포버베나는 버들마편초와 비슷한 계열이지만, 키가 무릎 아래로
자라서 바람 많은 제주도에서 키우기 좋다. 숙근버베나라는 이름으로
유통되는데, 월동도 가능하다.


찾아보니까 사포버베나는 하드니스 존◆이 6인가 그렇더라고요.


◆  미국 농무부(USDA)는 지역별로 연간 최저 기온의 평균을 내고, 이를 기준으로 식물의 월동 가
능성을 판단하는 등급표인 하드니스 존(Hardiness Zone)을 만들었다. 하드니스 존은 1~13존으로
분류되며, 숫자가 낮을수록 추운 지역을 의미한다. 우리나라는 주로 6~9존에 해당한다.

가지가 구불구불하게 자라는 곱슬버들.

**희영** 그러면 육지에서도 겨울을 나겠네요? 정말 반가운 소식인데요. 개화기간이 어떻게
돼요?

가을까지 펴요. 민트처럼 땅을 잡고 넘어가면서 번식하는데, 번식력이 그만큼은
아니에요.

**희영** 민트 같으면 안 되죠! (웃음)

그리고 줄기가 굉장히 두꺼워서, 없애고자 할 때 손에 잘 잡혀 정리하기도
좋아요.

**희영** 이래저래 착한 식물이네요.


**희영** 개키버들인 '하쿠로니시키', 일명 '셀릭스'도 송당나무에서는 유난히 핑크빛으로
색이 곱네요?

올해는 좀 늦게까지 붉게 물드는 거 같아요. 사실 셀릭스는 토피어리♦ 형태가
유행이잖아요. 그런데 제 생각에 그런 형태는 이곳에 너무 안 어울릴 거 같은
거예요.

**희영** 정원에 어울리는 형태로, 자연스럽게 키우고 싶은 거죠?

네, 맞아요. 이 셀릭스도 삽목가지 작은 거 하나 찔러 넣고 키운 거예요.
아시겠지만, 버드나무과는 장마에 가지치기한 걸 땅에 꽂으면 뿌리가 생길
만큼 삽목이 잘 되잖아요. 제가 버드나무를 좋아하기도 하고, 플로리스트라서
버드나무로 구조물을 만들기도 해요. 그런데 제주도에 왔더니 버드나무가 안
보이는 거예요. 육지에는 수양버들, 용버들, 곱슬버들 등 종류가 많잖아요. 그래서
서울에서 소재를 사다가 정원 여기저기에 다 삽목해서 키웠어요. 버드나무는
땅을 옮겨 이식하면 몸살을 앓고 힘들어하니, 정원에 두고 싶다면 저처럼
삽목하는 걸 추천해요.


셀릭스를 지나 정원 오솔길을 걷고 있는데, 타이머로 맞춰 놓은 스프링클러가
작동하자 우리를 따라 걷던 고양이들이 물을 피해 도망가기 시작했다. 그 순간


♦ 나무의 가지와 잎을 잘라 원하는 모습으로 유지·관리하는 원예 기법. 셀릭스는 보통 동그랗게 다
듬어서 키운다.

눈앞의 풍경이 마치 동화 속처럼 아름답다. 곧 고운 별수국이 나타났다.

**희영**　제가 경기도 광주에 촬영하러 갔을 때 월동 잘 시키면서 키우는 별수국을 봤어요.
**중부지방에서도 키울 만한 거 같더라고요.**
이 별수국도 삽목가지로 키워낸 건데 왜성종이에요. 바로 옆에 있는 수국은 제
키보다 큰데 별수국은 작잖아요.
**희영**　꽃잎이 하나하나 정말 별을 박아 넣은 거 같이 영롱하네요. 작게 자라는 것도
**필요한 곳에서는 장점이고요.**

탐라산수국 계열인 요정처럼 아름다운 별수국. 꽃잎이 마치 별처럼 일반 수국
모양과 다르게 피었다. 같은 수국이라도 서로 다른 크기의 수국들이 함께
있으니 정원에 리듬감이 생긴다.

아닐 수도 있는데, 제가 마을사업 때문에 제주도 시골 여기저기로 많이
다녔거든요. 그때 만난 제주도 분들이 들려주신 이야기예요. 일단 수국꽃 색은
산성도에 따라서 달라지잖아요. 같은 뿌리인데도 강아지나 고양이가 한쪽에
오줌만 싸도 한쪽은 파란꽃이 피고, 다른 쪽은 분홍 물이 드는 경우처럼요.
그런데 옛날 분들은 색이 달라지는 이유를 알 수 없잖아요. 그래서 도깨비가
씌었다고 해서 '도채비꽃' 또는 '채비꽃'이라고도 불렀다는 얘기가 있었어요.
다른 하나는 제주도는 산소가 오름 중간이나 들판 한가운데 있는 경우가
많은데 비석이 없는 곳도 많아요. 그러니 여름에 잡초가 우거지면 산소를 못
찾으니까 산소 위치를 표시하려고 여름 꽃나무를 심었거든요. 그때 심는 게 수국,
배롱나무, 자귀나무예요. 그러다 보니 이 세 가지 꽃을 꺼리는 분도 있더라고요.

국내에서 보기 드물게 잘 자란 구니유카리.

마지막으로는 종이로 만든 상여꽃을 닮았다고 싫어하는 분도 있고요. 그래서
제주 어르신들은 집에 수국을 안 심는 분들도 많아요.

수국에 얽힌 흥미로운 이야기를 들으며 걷다 보니 거대한 나무로 자라 우뚝 선
유칼립투스가 보였다. 육지에서는 월동이 되지 않아 '나무'라고 부르기 아쉬운
묘목 같은 걸 화분에 심어 애지중지 키우는데, 노지에서 자란 정말 '나무'다운
유칼립투스라니!

제주도에서는 유칼립투스가 월동이 돼요. 여러 번 삽목을 시도해봤는데, 안 되니
7년 전인가 8년 전에 파종했는데 이렇게 자란 거예요. 문제가 있다면, 속성수라는
거죠. 2~3년에 한 번씩 이렇게 강전정♦을 하지 않으면 너무 커져요. 그러면
태풍에 쓰러져버릴 수 있어요. 지금 한 6미터 정도인데, 얼마 전에 가지치기할
때도 6미터 이상은 잘라줬어요. 제주에서는 호주 식물도 잘 자라는 거 같아요.
자카란다나 티트리 같은.
**희영**  부럽다고 생각했는데, 잘 생각해보니 한겨울에도 잡초가 자란다는 거죠? (웃음)

너른 정원 한가운데 그림 같이 선 나무 한 그루. 바람에 날리는 모습이 고흐의
그림 속 같다. 버드나무 종류 중 하나인 용버들을 지나니 예전에는 보지
못했던, 내가 좋아하는 꽃들이 가득한 꽃밭이 나왔다. 이곳은 절화밭이다.
밭에서 바로 꽃을 잘라 꽃다발을 만들고 싶은 가드너들의 로망이 실현된 곳!

저도 플로리스트 출신이니까 얼마나 절화를 하고 싶겠어요. 그래서 전에는 정원
중간중간 절화를 할 수 있는 꽃들을 심어놨는데, 그건 그야말로 가드너 너댓
명을 고용해야 가능한 거더라고요. 절화용 식물은 대부분 일년초가 많아서
개화시기에 맞춰 사이클을 돌려야 하는데, 정원에서는 그렇게 키울 수가 없어요.

♦  나무 전체 길이의 3분의 2 이상을 자르는 강한 가지치기를 말한다. 나무가 너무 커지거나 가지가
너무 많아서 안쪽까지 햇빛과 바람이 통하지 않을 때 하는 것이 좋다.

또 절화용 식물은 길이가 길어야 원하는 모양으로 디자인할 수 있어서, 밀식◆을 해야 해요. 그러다 보니 검은 비닐로 멀칭◆◆하는 게 보기 싫어서 안 하려고 했지만, 7년 만에 포기하고 밭으로 넘어온 거예요.

**희영** **코티지 가든에서 절화용 꽃을 키워봤으니 절화밭을 만들 생각도 한 거잖아요. 이제 다른 분들은 이 경험을 참고해서 바로 절화밭으로 갈 수 있겠죠.**

내 정원에서 꽃을 잘라 꽃꽂이나 꽃다발을 만드는 건 정원을 가꾸는 사람이라면 누구나 꿈꾸는 일일 것이다. 땅도 기후도 육지와 다른 제주도에서 절화 재배를 실현하기 위해 얼마나 숱한 노력을 했을까. 금어초, 수레국화, 오를라야 그란디플로라, 지금은 휴식기인 라넌큘러스 등이 있는 절화밭을 지나 도착한 밀짚꽃밭.

정원 식물로 정말 좋은 밀짚꽃밭이에요. 종이꽃 종류로 헬리크리섬이라고도 하죠. 원산지가 호주라서 건조하고 더운 곳도 잘 견디고, 꽃을 자르면 계속해서 또 올라와요. 잘 보세요, 마른 종이처럼 바스락거리잖아요. 저는 이걸 잘 말려서 리스 만들 때 써요.

**희영** **쭉 돌아보니 일이 정말 많겠어요. 정원 돌봐야지, 절화 농사 지어야지, 수업도 해야지, 플로리스트 일까지.**

엄청 많아요. 이제 6월이잖아요, 그러면 여름용 절화를 준비해야 하거든요. 백일홍, 천일홍, 맨드라미, 그다음에 다알리아……

◆ 제한된 공간에서 일반적인 간격보다 촘촘하게 또는 빽빽하게 식물을 심어 재배하는 방식.

◆◆ 땅에 비닐이나 짚, 거적 등의 재료로 덮어 수분을 유지하고, 잡초를 억제하는 농사 기법.

* * *

정원의 '완성'은 언제일까? 과연 완성이란 게 있을까? 송당나무 지기도 '내가 죽을 때가 되어 손을 뗐을 때 정원이 완성된다'라고 했다. 이 말은 정원을 돌보는 모든 이의 마음을 대변할 것이다. 끝없는 자연의 순환, 그리고 정원을 향한 사랑과 열정이 고스란히 담은 말.

어쩌다 보니 송당나무를 몇 년 간격으로 세 번을 방문했다. 그때마다 가장 크게 기억에 남는 건 바로 송당나무 지기의 열정이다. 첫번째 방문 때는 꽃을 키우기 적합하지 않은 당근밭을 코티지 가든으로 만들고 있다고 했다. 두번째 찾았을 때는 미술을 전공한 플로리스트 출신이라 그가 식물의 학명을 제대로 이야기하지 않는다는 공격에 오기가 생겨 원예학 석사를 공부한다는 이야기를 들었다. 세번째 발걸음했을 때는 원예학 석사가 된 그가 절화 농장을 시작한다고 했다. 방문할 때마다 그는 무언가에 꽂혀 있었고, 그 꿈을 이뤄가고 있었다. 다음 방문 때는 어떤 꿈을 이루고, 또 어떤 새로운 꿈을 갖고 있을지 궁금하다.

# 송당나무 식물들

| 이름 | 학명 또는 품종명 | 참고 |
| --- | --- | --- |
| 나무수국 '라임라이트' | *Hydrangea paniculata* 'Limelight' | 출시했을 때부터 굉장히 인기 있는 나무수국이다. 2~3미터로 크게 자라며, 원뿔 모양의 연한 라임색으로 핀 꽃은 점점 크림색, 흰색, 핑크색으로 변한다. 다른 나무수국과 마찬가지로 이른 봄에 가지를 15~30센티미터 정도 남기고 자르면, 꽃은 더 풍성하게 피고 수형은 단정하게 잡힌다. 반그늘이나 그늘에서도 잘 자라는 편이다. |
| 수선화 | *Narcissus* spp. | 이른 봄, 노란 꽃이 피는 대표적인 구근식물. 남부지방에서 잘 자라며, 물기가 많은 모래땅에서도 자랄 수 있다. 겨울에 실내 보관하지 않아도 된다. |
| 큰꿩의비름 | *Hylotelephium spectabile* | 다육이를 닮은 소박한 잎과 대비되는 화려한 분홍색 꽃이 늦여름부터 핀다. 키우기 쉽고 겨울도 잘 난다. 화분에 심어서 정원에 두는 것도 방법. |
| 산수국 | *Hydrangea serrata* | 일반 수국이 무성화로 이루어졌다면 산수국은 그 원형으로 가장자리에만 무성화가 있다. 일반 수국에 비해 노지월동을 잘하며, 꽃도 잘 핀다. |
| 밥티시아 아우스트랄리스 | *Baptisia australis* | 134쪽 참고. |
| 펜스테몬 | *Penstemon* spp. | 33쪽 참고. |
| 사포버베나(숙근버베나) | *Verbena rigida* | 버들마편초와 똑닮았으나 포복하듯 낮게 큰다. |
| 분홍낮달맞이꽃 | *Oenothera speciosa* | 햇빛이 좋은 곳에 심으면 5월부터 연한 핑크빛 꽃이 방실댄다. 과습에 약하니 주의할 것. |
| 개키버들 '하쿠로니시키'<br>(셀릭스) | *Salix integra* 'Hakuro-Nishiki' | 113쪽 참고. |
| 탐라산수국(겹꽃형, 별수국) | *Hydrangea serrata* f. *fertilis* | 별을 닮은 풍성한 꽃이 토양 산도에 따라 푸른색 또는 붉은색으로 핀다. 반그늘이나 그늘에서 키우는 것이 좋다. |

| 이름 | 학명 또는 품종명 | 참고 |
| --- | --- | --- |
| **구니유카리** | *Eucalyptus gunnii* | 내한성이 좋아서 남부지방과 제주도 일부에서는 노지에서 키우기도 한다. 성장 속도가 매우 빠르므로 가지치기를 할 때는 과감하게 하는 것이 좋다. |
| **용버들** | *Salix matsudana* | 잎을 떨구면 용처럼 구불구불한 가지가 드러나 겨울 정원을 멋지게 장식한다. 버드나무라서 습한 곳을 좋아하지만, 다른 버드나무와 달리 건조한 환경에도 강한 편이다. |
| **오를라야 그란디플로라** | *Orlaya grandiflora* | 가느다란 줄기 끝에 작은 하얀 꽃이 레이스처럼 피어나는 아미를 닮았다. 봄에 장미와 여러 초화 사이에 펴서 조화롭지만, 무엇보다 가득 모여 피었을 때가 장관이다. 겨울은 못 나도 씨가 떨어져 번식이 잘된다. |
| **금어초** | *Antirrhinum majus* | 꽃이 금붕어를 닮았다고 해서 붙은 이름. 겨울은 못 나지만 서리 내릴 때까지 오래도록 꽃이 핀다. 과습을 싫어하니 건조한 자리에 심어야 한다. |
| **수레국화** | *Centaurea cyanus* | 134쪽 참고. |
| **라넌큘러스(버터플라이 시리즈)** | *Ranunculus asiaticus* (Butterfly Series) | 절화로도 인기가 많은 종이 같은 꽃으로, 특히 나비를 닮았다. 겨울을 못 나는 구근식물이지만, 봄에 피는 꽃이 아름답고 연속개화성이 좋다. 꽃을 보는 기간이 짧아도 괜찮다면 심어보자. |
| **밀짚꽃** | *Xerochrysum bracteatum* | 노란색, 오렌지색, 빨간색 등 선명한 색의 꽃이 핀다. 습도가 낮은 곳에서 잘 자란다. |
| **백일홍** | *Zinnia elegans* | 134쪽 참고. |
| **천일홍** | *Gomphrena globosa* | 71쪽 참고. |
| **맨드라미** | *Celosia argentea* | 닭벼슬 모양의 특이한 붉은 꽃을 피운다. 원예용으로 여러 종류가 있다. |
| **다알리아** | *Dahlia pinnata* | 34쪽 참고. |

# 9

# *May, spring*

2023년 5월 ▶ 충청남도 청양군 ▶ 대지 2000평

# 헤이데이가든

## 함께 가꾸는 주말 정원

편안해 보이는 멜빵바지 차림으로 재밌는 밀짚모자를 쓰고 넓은 정원을 누빈다. 어렸을 때 살던 구옥을 살림집으로 남기고, 산과 이어진 집 옆 공간을 정원으로 가꾼다. 데크가 있는 작업실과 창고, 작은 온실, 텃밭용 틀밭도 세웠다. 매년 파종하여 계절에 맞춰 피고 지는 꽃과 가족의 세월을 함께한 오래된 나무, 지형에 맞게 식재해 만든 수국 정원, 그라스 정원, 고사리 정원 등이 자리한다. 이 땅을 밟고 자라 각자 가정을 꾸린 자녀들과 함께, 주말이면 3대가 다시 모여 함께 정원을 가꾼다. 그의 작업실은 어느 브랜드의 전시관인가 싶게 장비가 각을 맞춰 정리되어 있다. 뚝딱뚝딱 장미 아치며 화분, 정원에 필요한 구조물을 만들어내는 사람은 도대체 어떤 사람일까? 작업실 앞, 장미가 핀 정원부터 구경하기 시작했다.

# 헤이데이가든 평면도

팽나무
감나무
배롱나무
배롱나무
꽃양귀비
잔디
화살나무
소나무
소나무
숲
수레국화
황금회화나무
자작나무 숲
고사리
밤나무 숲
감나무
머위
창고
그라스 정원

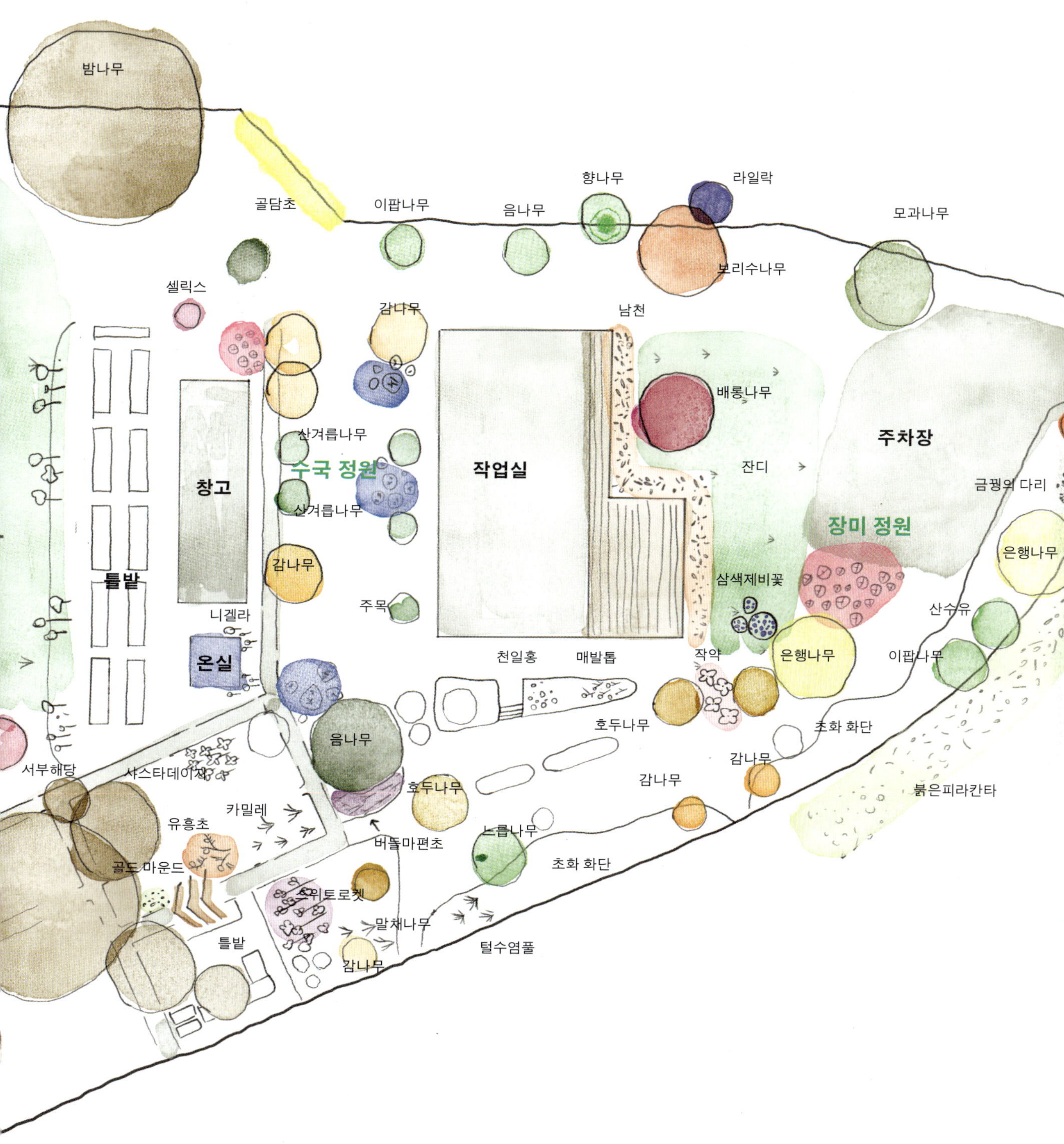

밤나무
골담초
이팝나무
음나무
향나무
라일락
모과나무
보리수나무
셀릭스
감나무
남천
주차장
배롱나무
산겨릅나무
수국 정원
작업실
잔디
금꿩의 다리
창고
산겨릅나무
장미 정원
은행나무
감나무
삼색제비꽃
산수유
틀밭
니겔라
주목
천일홍
매발톱
작약
은행나무
이팝나무
온실
호두나무
초화 화단
음나무
감나무
붉은피라칸타
서부해당
샤스타데이지
호두나무
카밀레
감나무
유홍초
버들마편초
느릅나무
초화 화단
골드 마운드
쉬토로켓
틀밭
말채나무
감나무
털수염풀

겨울에는 작고 붉은 열매가 열리는 붉은 피라칸타.

**희영** 폭이 있는 철제 아치에 노란 장미가 탐스럽게 피어 있네요. 혹시 크라운 프린세스 마가레타인가요?

맞아요. 제가 영국 장미 이름을 잘 모르는데, 크라운 프린세스 마가레타는 처음 산 장미라 알아요. 두 주를 어렵게 사서 여기에 심었는데, 3년 넘게 키우고 나니까 비로소 아치 끝까지 갈 수 있게 됐어요. 비록 올해 꽃밥이 맘에 들지 않지만요.

**희영** 혹시 아치 오른쪽에 있는 살구색 장미는 주드 디 옵스큐어인가요?

잠시만요, 네임택을 버리진 않았어요. 주드 디 옵스큐어가 맞네요. 사실 제가 정말 갖고 싶었던 게 장미 정원이에요. 그래서 여기를 장미 정원으로 조성하려고 영국 장미와 독일 장미를 따로 심었어요. 영국 장미를 먼저 심고 노발리스를 포함해서 독일 장미를 나중에 심었고요. 여기 노란 장미가 독일 장미인데, 이 슈테른탈러가 우리 집에서 가장 수세가 좋아요.

미래의 장미 정원에서 이야기를 나누고 주차장을 가로질러 걸으니 큰 나무 아래로 금꿩의다리 같은 야생화와 흰 꽃이 가득 달린 울타리목이 보였다.

**희영** 하얀 꽃이 핀 나무는 울타리목으로 심은 건가 봐요.

부모님이 예전에 심은 거예요. 모두 붉은피라칸타(피라칸사스)인데, 프랑스에 갔을 때 가로수로 심은 나무들이 대부분 붉은피라칸타라는 걸 알았어요. 저 따라서 함께 가보실래요? 보여드리고 싶어요.

어떤 광경일지 궁금증과 기대감을 안고 뒤따라갔다. 1년 중에 한 번 보는 아름다운 광경이라고 했다. 집 밖 도로 쪽으로 가보니 초록 잎은 거의 보이지 않고 하얀 꽃이 가득 달린 붉은피라칸타가 울타리를 따라 섰는데, 절로 감탄이 나왔다.

봄에는 하얀색 꽃이 만개하고, 겨울에는 빨간 열매가 달려요.

**희영** 아! 빨간 열매가 달린다고 하니까 어떤 식물인지 생각났어요. 최근에 지인이 붉은피라칸타를 겨울 정원용 나무로 추천했거든요. 그런데 봄에 꽃 핀 모습은 처음

대형 철제 화분이 이색적이다.

**봐요. 제 상상보다 훨씬 아름다운 나무였네요. 굉장히 멋있어요.**

정원에 다시 들어와보니 나무들 아래 금속 소재로 만든 커다랗고 동그란
화분이 눈에 띈다. 자연스럽게 녹이 슨 화분 위에는 색색의 아름다운
삼색제비꽃이 가득하다.

**희영** 이 철제 화분들은 뭔가 인더스트리얼 가든 느낌인데요?
정원의 소재를 통일하려고 많이 노력하고 있어요. 제가 정한 소재가 '철'입니다.
**희영** 역시 미대 교수님다운 발언입니다. 철로 만든 화분들이 의외로 정원에 잘
어울리네요. 약간 다른 공간으로 이동한 것 같은 기분도 들고요. 바로 이 점이
헤이데이가든의 개성이에요. 그러면 큰 화분 안도 전부 흙으로 채웠나요? 큰 화분을
흙으로만 채우면 과습이 우려되니까 아랫부분에 배수층을 만들기 위해 뭔가 다른 걸
채우잖아요.
작은 화분은 흙으로 전부 채웠어요. 큰 화분은 아래를 돌로 채우고 그 위에 흙을
올렸고요. 너무 힘들어서 죽을 뻔했어요. (웃음)
**희영** 보통 나뭇가지나 펄라이트 등을 쓰기도 하는데, 돌로 채웠군요. 고생했겠어요.

삼색제비꽃 맞은편은 다양한 색의 작약이 만개했다. 헤이데이가든 지기의
어머니가 오래전부터 키워온 토종 작약이라고 한다. 다른 나무 아래에는
꽃대를 문 수국이 가득하다.

**희영** 여기 수국들은 꽃대를 다 물었네요.♦ 다 피면 너무 아름답겠어요.
휘묻이♦♦ 해서 번식한 수국인데요, 역시 가지가 사니까 꽃대를 빨리 무네요.

**희영** 청양 지역도 겨울에 수국을 보온해주나요?

---

♦　꽃눈 또는 꽃봉오리가 생겼다는 뜻으로, 식물을 키우는 사람 사이에 종종 쓰인다.

♦♦　가지를 휘어 일부를 땅에 묻은 뒤, 뿌리를 내려 번식시키는 방법.

수국 가지치기 시기를 아직 잘 몰라서 일단 낮은 높이로 자른 후 방한용품으로
둘러줘요. 다른 쪽에 이 수국의 모체가 있는데, 그 수국은 지금 보면 모두 꽃이 안
피는 '깻잎' 상태예요. 수국은 꽃 피우기가 참 어려운데 포기가 안 되네요. 수국이
물을 좋아하니까 자동관수장치도 설치했어요. 물을 잘 주는 것만큼 여름에
더위를 식히는 것도 중요해서 점적식 대신 분수 호스를 써요.

> 정한 시간에 맞춰 알맞은 양의 물을 뿜어내는 자동관수장치를 부러워하며
> 감탄하고 보니 근처에는 '교환의 동전'이라고 불리는 키가 큰 연보랏빛 꽃
> 루나리아 아누아가 있다. 두해살이 식물로, 동그랗게 생긴 씨방 부분이 점차
> 투명해지는데, 투명해진 씨방은 꽃꽂이할 때도 쓰는 소재라고 한다.

저희가 정원 어디서 올라와도 안 뽑는 꽃이 몇 가지가 있는데, 개양귀비(이하
꽃양귀비)랑 루나리아 아누아예요.

> 루나리아 아누아 옆으로 키도 색도 비슷한 꽃이 한가득 피어 바람에 물결친다.
> 물결 사이로 흰 물감 몇 방울 떨어뜨린 듯 흰 꽃도 보인다. 이 꽃은 뭘까?

스위트로켓(정명은 헤스페리스 마트로날리스)이에요. 반은 파종해서 키운 거고,
반은 씨가 떨어져서 자연스럽게 올라왔어요. 키워보니 보라색만 있는 것보다
흰색이 섞인 게 예뻐서, 씨를 살 때 보라색만 있는지 흰색과 섞였는지 확인하면
좋을 거 같아요.

**<u>희영</u> 스위트로켓은 개화기간이 어떻게 돼요?**
일년초라서 다른 꽃들보다 개화기간은 훨씬 길어요. 지금 벌써 핀 지 2주 정도
됐는데 앞으로 한 2주는 더 가지 않을까 싶어요.

> 스위트로켓 사이사이 루드베키아가 올라오고 있다. 스위트로켓이 지면 그
> 자리를 대신할 식물인 루드베키아가 올라와 쉼 없이 꽃을 보려는 헤이가든

지기의 계획이다. 아름다운 스위트로켓의 물결을 뒤로하고
걸으니 앞으로 이제는 샤스타데이지와 카밀레의 흰 물결이
나타났다. 안개나무인 '로열 퍼플', 꽃범의꼬리 등도 함께 있다.

**희영** **카밀레 앞쪽으로 설치한 집 뼈대 같은 구조물도 직접 만든 건가요?**
네. 나무로 만들었어요.
**희영** **워낙에 철로 이것저것 잘 만드셔서 얼핏 철인 줄 알았어요. (웃음)**
**구조물 왼쪽으로는 틀밭과 지지대가 있네요. 화분도 여럿 있고요.**
여기는 작물을 심으려고 화분을 높여서 틀밭을 만들었어요.
**희영** **자동관수시설은 점적식으로 설치했네요.**
주로 주말에만 오니까 자동관수시설을 해놓지 않으면 다양하게
키울 수가 없더라고요.
**희영** **그렇죠. 필요에 의한 기술을 잘 활용하고 있네요. 여기 틀밭에 심은**
**건 뭐예요?**
자주천인국을 늘리려고 모종을 심은 게 있고요, 도라지랑
코스모스를 심은 것도 있어요.
**희영** **혹시 도라지는 어머님이 심은 건가요?**
네. 사실 여럿이 정원을 함께 꾸미니까 누가 먼저 저렇게 차지하면
끝이에요. 저는 지금 딜을 심어야 하는데, 파종할 곳이 없어요.

나무로 직접 만든 아치를 지나 양쪽으로 심어진
일본조팝나무인 '골드 마운드' 길을 걸으니 밤나무가 가득한
넓은 공간이 나왔다. 여기저기 나무 밑둥과 장작, 그리고
캠프파이어를 할 수 있는 화로가 보였다.

가끔 캠프파이어를 하는 공간이에요. 예전에 증조할아버지가
밤나무 다섯 그루를 심었거든요. 그 밤나무가 지금 어마어마하게
커졌어요. 덕분에 그늘이 좋아서 여름에 있기 참 좋아요.

밤나무숲 한쪽에 있는 계단을 따라 올라갔다. 산과 이어진 탁 트인 잔디밭
끝엔 어마어마한 숫자의 꽃양귀비가 가득 심겨 있었다. 이렇게 많은
꽃양귀비를 한꺼번에 본 것은 이번이 처음. 하늘하늘 바람에 실려 흔들리는
모습이 정말 장관이다. 역시 꽃은 밭떼기가 진리다.

**희영 이곳에 꽃양귀비가 없다고 생각하면, 한국의 흔한 정원의 모습이에요. 소나무가
있고 그 밑에 철쭉이 있는. 그런데 철쭉 자리에 양귀비를 잔뜩 심어서 분위기를 확
바꿨어요. 어떻게 꽃양귀비를 군락으로 조성할 생각을 했어요?**
어머니가 양귀비 씨앗을 채종해서 키운 지 10년이 넘어서 시중에서 구할 수
있는 씨앗들과는 조금 달라요. 그래서 흰색, 오렌지색, 또 겹꽃들도 섞여 있고요.
씨앗은 9월과 10월에 모래를 섞어서 많이 뿌렸어요. 그러면 싹이 굉장히 촘촘히
나오거든요. 이때 뒤쪽으로 올라오는 싹은 좀 솎아내고 앞쪽은 그대로 두면,
앞쪽은 싹이 밀집되니까 키가 작게 자라고, 뒤쪽은 공간이 넉넉하니까 크게
자라요. 그러면 보기 좋은 단차가 생기는 거예요.
**희영 꽃양귀비는 개화기간도 길죠? 밤나무 옆 감나무 아래에는 수레국화가 가득
피어서 풍경이 압도적이네요.**
숙근초보다 일년초들이 확실히 개화기간이 길어요. 앞으로 대략 보름 이상은 더
필 거예요. 근데 관리가 너무 어려워서…… 허허.
**희영 맞아요. 그래서 정원엔 숙근초랑 일년초를 적절히 섞어야 해요. 그나저나 정말
아름답네요. 밥 안 먹어도 배부르겠어요.**

꽃양귀비의 감동을 안고 창고 겸 작업실 근처로 이동했다. 여기는 키친 가든.
어쩜 텃밭도 헤이데이가든은 이렇게 다를 수 있을까! 나무로 만든 무릎
높이 정도 되는 틀밭 위로 채소 덩굴을 올릴 수 있게 나무 기둥과 얇은 줄로
지지대도 만들어 놓았다. 그동안 내가 갔던 그 어떤 텃밭보다 잘 정리되어 있고
고급스러웠다.

**희영 블루베리 위에는 새망을 지지대에 걸어놓았네요.**

채종한 씨앗으로 꽃양귀비 군락을 조성했다.

틀밭을 높게 만들어 편하게 농사를 지을 수 있다.

네. 제가 텃밭을 만든 다음에 아버지한테 새망을 사달라고 했어요. 그런데 새를
막는 망이 아니라 잡는 망을 사오셔서……. (웃음) 올해 망을 바꿔야 합니다.

**희영  방조망을 사야 하는군요.**

그렇죠. 새들이 밭을 망가뜨리는 걸 예방하려면요. 사실 저희 정원이 평평한 땅이
하나도 없거든요. 전체적으로 원래 지형을 그대로 살려서 만들었는데, 텃밭은
그러면 안 될 거 같아서 평탄화 작업을 하고 틀을 높이니까 비용이 꽤 들었어요.
가족들이 상추를 심겠다고 도대체 얼마를 쓰는 거냐고 했는데, 지금은 다들
좋아해요. 허리를 굽히지 않고 그냥 틀밭에 걸터앉아 농사를 지을 수 있잖아요.
타이머를 달아서 물이 자동으로 나오는 것도 편하긴 한데, 허리를 안 굽히는 게
제일 큰 장점이에요.

**희영  세상에! 오이 틀밭에는 줄기가 타고 올라가라고 줄로 지지대를 만들었네요.**

사실 오이에겐 좀 과하게 좋은 구조물(일명 '오이 아파트')인데, 어느 날 어머니가
오이 키우게 이렇게 만들어 달라고 하더라고요. 오이가 줄을 타고 올라오면
오이는 따고 줄기는 다시 끌어 내리고 그렇게 써요. 그렇게 하면 노각까지 먹을
수 있거든요. 마지막에는 바닥에 오이 줄기가 똘똘 말려 있어요. 정리하기도 좋은
거죠.

　　　　놀라운 키친 가든 근처에 비를 피할 수 있는 지붕 있는 건물이 보인다. 자재와
　　　　흙이 보관된 이 창고 겸 작업실은 무엇을 하던 곳일까?

예전에 닭장이었는데, 지금은 개조해서 정원 일을 위한 공간으로 쓰고 있어요.
중앙에 있는 큰 테이블 상판은 예전 집 마룻바닥이에요.

　　　　창고를 구경하고 나오니 바로 옆에 니겔라에 둘러싸인 작은 온실이 보였다.
　　　　겨울에 가온(난방)하는 온실로, 바닥은 콘크리트로 깔았고, 전체적으로
　　　　깔끔하게 정리되어 있었다.

**희영  온실에서 다육이를 삽목으로 번식하는 중인 거 같은데요?**

이름도 모르는 천 원짜리 다육이 하나를 키워보니 저희 집에서 정말 잘
크더라고요. 꽃도 화분 가득 피는데 정말 예뻐요.

**희영**  그런데 지금 천 원짜리 다육이를 심은 이 토분은 이태리 토분이 맞죠?

네. 맞아요. (웃음)

**희영**  가격만 보면 뭔가 언밸런스한 거 같지만, 다육이랑 네모난 이태리 토분이
**찰떡이네요.**

* * *

단정하고 체계적이며, 가족들의 개성과 취향, 기술이 반영된 헤이데이가든. 헤이데이가든 지
기에게 정원의 이름을 헤이데이로 지은 이유를 물었다. 헤이데이는 전성기라는 뜻으로, 정원
을 바라볼 때의 감정이 그와 같아서라고 했다. 독일의 어느 지역은 노년에게 정원을 가꿀 땅을
임대해준다고 한다. 정원을 가꿔보기 전의 나였다면 아마 이해하지 못했을 복지다. 하지만 지
금의 나는 이해한다. 치열하게 인생을 살아낸 중년과 노년이 정원을 가꾸며 어떤 감정을 느낄
지를 말이다. 이러면 어떻고 저러면 어떠하리. 정원 가꾸기를 핑계로 온 가족이 주말마다 고향
에 모여 앉아 다 같이 웃을 수 있다면 그걸로 된 것이다.

# 헤이데이가든 식물들

| 이름 | 학명 또는 품종명 | 참고 |
| --- | --- | --- |
| 장미 '크라운 프린세스 마가레타' | *Rosa* 'Crown Princess Margareta' | 113쪽 참고. |
| 장미 '주드 디 옵스큐어' | *Rosa* 'Jude the Obscure' | 115쪽 참고. |
| 장미 '노발리스' | *Rosa* 'Novalis' | 71쪽 참고. |
| 장미 '슈테른탈러' | *Rosa* 'Sternthaler' | 독일 코르데스의 '동화 장미(Fairy Tale Rose)' 계열인 관목장미. 그림 형제의 〈별이 쏟아지는 이야기(Die Sterntaler)〉에서 이름을 따왔다. 부드러운 노란색의 클래식한 화형이 특징이다. 꽃이 제법 크며, 향도 강하다. |
| 금꿩의다리 | *Thalictrum rochebruneanum* | 우리나라 자생 야생화. 여름이면 가느다랗고 긴 가지에 보라색 꽃잎과 노란색 수술이 대비를 이루는 작은 꽃이 핀다. 건조한 곳을 싫어하고 반양지에서 잘 자란다. |
| 붉은피라칸타 | *Pyracantha coccinea* | 봄이면 하얀 꽃이 가득 피고, 겨울이면 작고 붉은 열매가 주렁주렁 열린다. 사계절 아름다워서 울타리목으로도 식재한다. |
| 삼색제비꽃 | *Viola tricolor* | 90쪽 참고. |
| 작약 | *Paeonia lactiflora* | 71쪽 참고. |
| 루나리아 아누아 | *Lunaria annua* | 투명한 은빛 씨방으로 유명하다. 마른 씨방은 절화로도 많이 쓴다. |
| 헤스페리스 마트로날리스 (스위트로켓) | *Hesperis matronalis* | 초여름에 유채꽃을 닮은 보라색 꽃이 핀다. 향이 달콤해서 벌과 나비가 좋아한다. 저녁이 되면 향이 진해진다. |
| 루드베키아 | *Rudbeckia hirta* | 전체에 거친 털이 나는 여러해살이 식물이다. 꽃은 노란색으로, 6~8월에 핀다. 생명력이 좋다. |
| 샤스타데이지 | *Leucanthemum* × *superbum* | 34쪽 참고. |
| 카밀레(저먼 캐모마일) | *Matricaria chamomilla* | 155쪽 참고. |

| 이름 | 학명 또는 품종명 | 참고 |
| --- | --- | --- |
| 안개나무 '로열 퍼플' | *Cotinus coggygria* 'Royal Purple' | 가을이면 타원형 잎과 안개 같은 꽃이 모두 붉어 신비롭다. 과도하게 가지치기를 하는 것은 좋지 않다. |
| 꽃범의꼬리 | *Physostegia virginiana* | 여름에 보라색 꽃이 핀다. 빠르게 퍼지기 때문에 너무 번지지 않게 조심해야 한다. |
| 자주천인국(에키네시아) | *Echinacea purpurea* | 33쪽 참고. |
| 도라지 | *Platycodon grandiflorus* | 주로 씨앗으로 번식하는 식물. 먹기 위해서도 심지만, 여름에 피는 보라색 꽃이 아름다워 원예용으로도 기른다. |
| 코스모스 | *Cosmos bipinnatus* | 72쪽 참고. |
| 일본조팝나무 '골드 마운드'(황금조팝) | *Spiraea japonica* 'Gold Mound' | 89쪽 참고. |
| 밤나무 | *Castanea crenata* | 성장세가 좋으므로 넓은 공간에 심어야 한다. 햇빛을 매우 좋아하고, 추위에 강하다. 다만 열매인 밤 속에 벌레가 생길 수 있으므로 병충해 관리를 해야 한다. |
| 개양귀비(꽃양귀비) | *Papaver rhoeas* | 가지 끝에 마치 종이 같은 하늘하늘한 꽃잎이 달린다. 줄기와 꽃봉오리 전체에 솜털이 많다. 군락을 이루도록 씨를 뿌리면 5~6월에 장관이다. |
| 수레국화 | *Centaurea cyanus* | 134쪽 참고. |
| 블루베리 | *Vaccinium corymbosum* | 키우기 쉽고, 병충해도 적으며, 가을에는 붉게 단풍도 들어서 정원에 심으면 좋은 과실수다. 다만 산성 토양에서 뿌리를 잘 내리므로, 심을 때 구덩이를 널찍하게 파서 산성토(피트모스, 전용 흙)를 넣는 것이 좋다. |
| 상추 | *Lactuca sativa* | 대표적인 텃밭 작물. 중부지방 기준으로 어린이날 전후에 심으면 딱 좋다. |
| 오이 | *Cucumis sativus* | 집에서 키워서 먹는 오이는 사 먹는 것과 비교되지 않게 신선하다. 덩굴식물이니 올라탈 수 있는 지지대를 만들자. |
| 니겔라 | *Nigella damascena* | 91쪽 참고. |

# 10

# *May, spring*

2023년 5월 ▶ 경기도 용인시 ▶ 대지 131평

# 우주당

## 아이를 위해 다시 꾸미는 정원

아이가 생기면 온 우주가 아이를 위해 돌아간다. 집은 점점 아이의 작은 물건들로 채워지고, 이전에는 없었던 알록달록한 장난감과 보드라운 담요가 새로운 주인이 된다. 정원 역시 예외가 아니다. 이제 정원은 부부만의 공간이 아니라, 아이와 함께하는 특별한 장소가 되었다. 아이와 함께 심고 키워갈 텃밭, 아이가 신나게 놀 모래놀이장, 그리고 아이의 눈에 담길 색감을 고려한 아름답고 따뜻한 꽃들로 채워져 정원은 완전히 새롭게 태어났다. 부부가 다시 만든 이 정원에서 아이는 행복한 추억들을 얼마나 소복이 쌓게 될까.

# 우주당 평면도

단풍나무
안개나무 '로열 퍼플'
주목
눈개승마
수양올벚나무
공조팝
유럽분꽃
호스타
원추리
호스타
휴케라
호스타
실새풀
텃밭
자주천인국
니포피아
아르메니오
호스타
프레리 파이어
실새풀
봄맞이
이베리스
밥티시아
미스김라일락
헬레보루스
호스타
솔정향풀
블루엔젤
구근류
데크
수선화
측백나무
붉은병꽃나무
감둥사초
붓꽃
대문
국수나무
목련
목련
찔레꽃

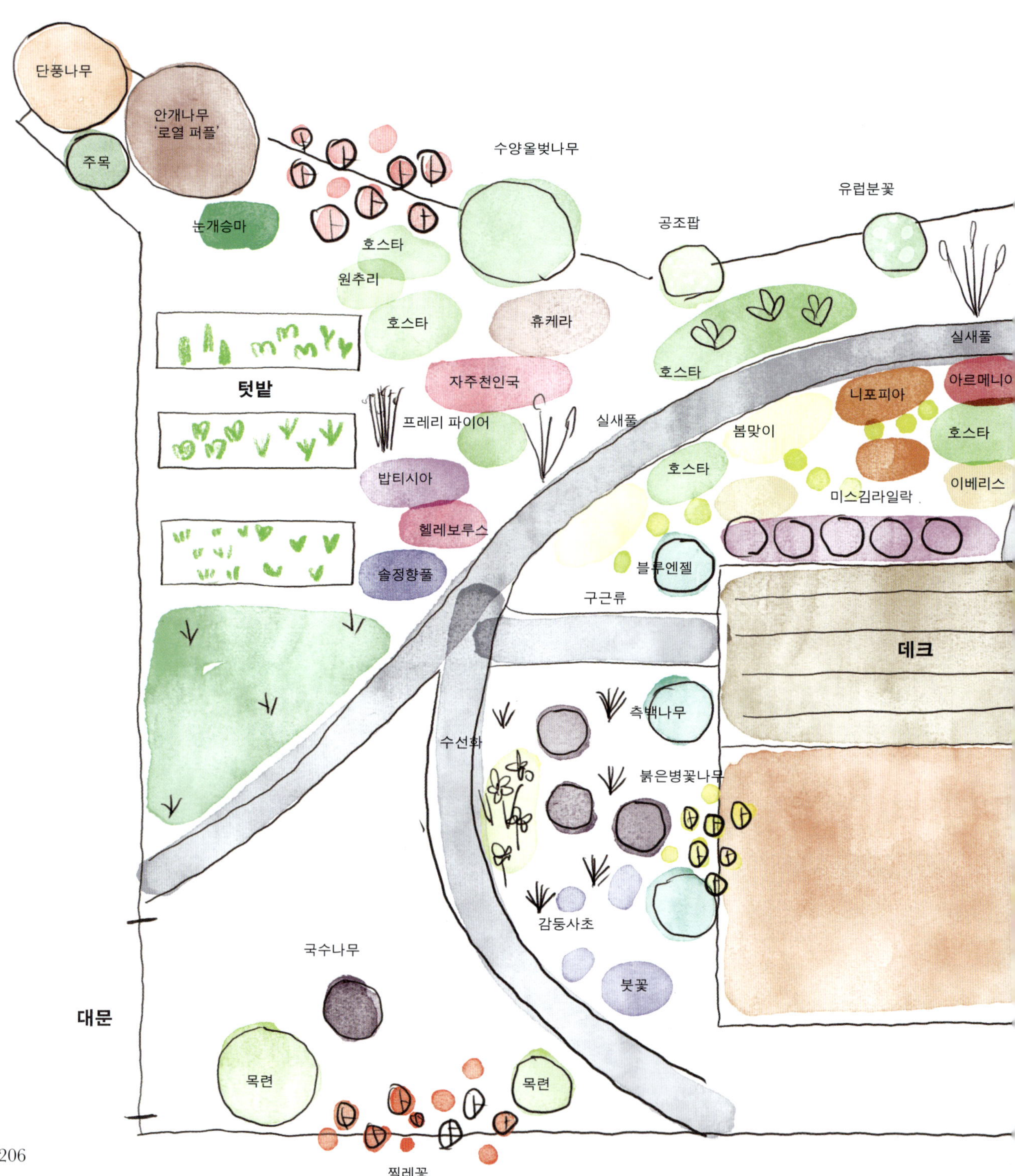

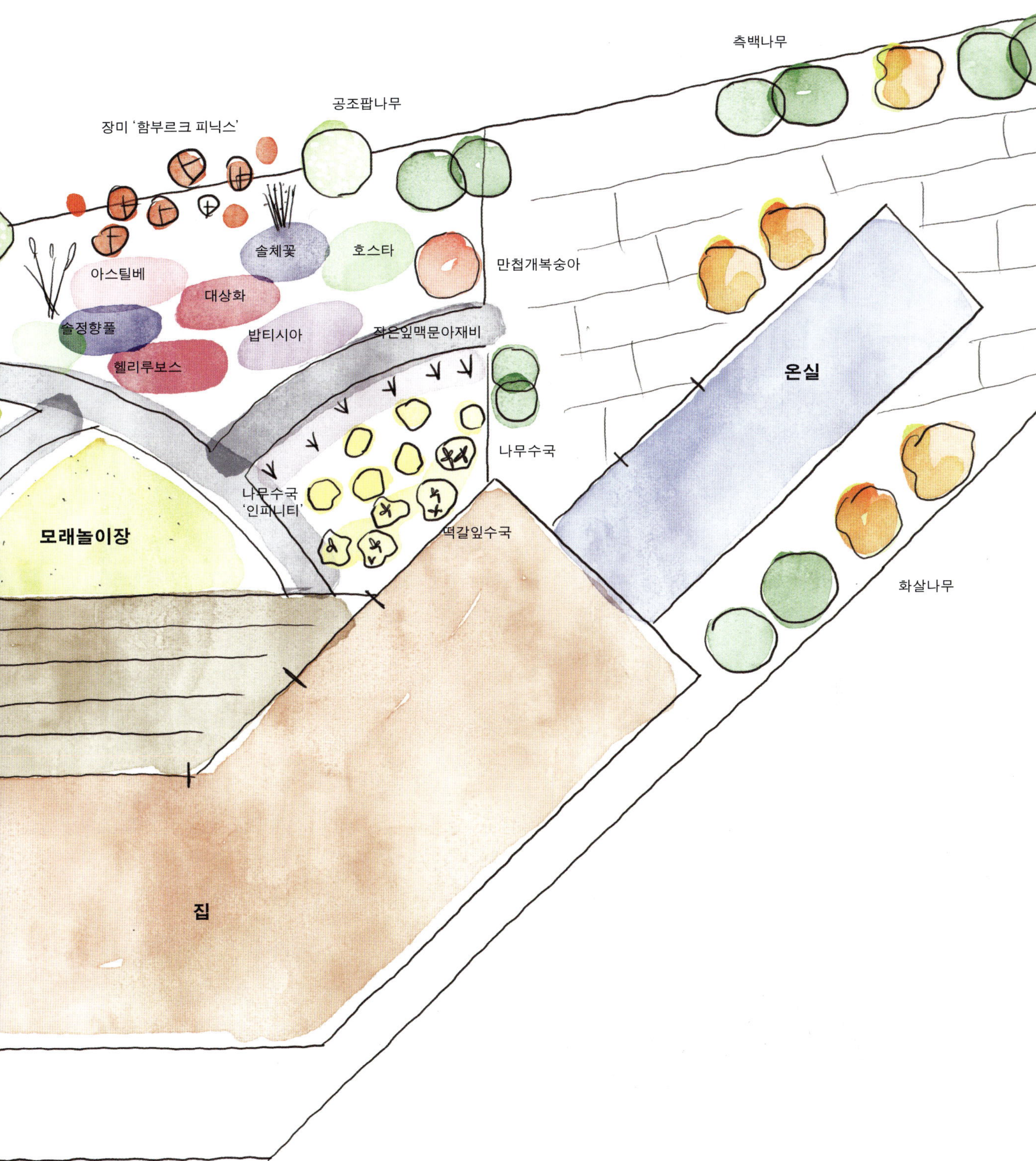

측백나무
공조팝나무
장미 '함부르크 피닉스'
솔체꽃
호스타
만첩개복숭아
아스틸베
대상화
밥티시아
작은잎맥문아재비
솔정향풀
헬리루보스
나무수국
온실
나무수국 '인피니티'
떡갈잎수국
모래놀이장
화살나무
집

아이와 함께 씨를 뿌린 텃밭에 작물이 가득하다.

**희영  집을 잘 지어서 여기저기 소문이 많이 났어요. 이 집은 결혼하고 지은 건가요?**

아니요. 저희가 결혼 준비하면서 신혼집으로 겁 없이 지은 거예요. 처음에는 정원이라고 할 것도 없이 잔디만 쭉 깔아서 그냥 마당이었어요. 그러고 1년이 지나고 나니까 '이건 아닌 거 같은데' 싶더라고요. 그래서 벽돌도 조금 깔아보고, 나무도 심어봤는데, 전체적으로 어울리는지 잘 모르겠더라고요. 결국 이번에 아이를 위한 정원을 만들자고 결심하면서 구획도 계절별로 나누고, 모래놀이장도 하이라이트로 넣었어요.

정원을 리노베이션하게 된 계기를 듣고 나니 고개가 끄덕여졌다. 집도 두번째 지으면 더 잘 짓는다던데 정원도 그렇겠지. 실제로 경험한 후 만든 두번째 정원이니 얼마나 실현하고 싶은 게 많았을까! 일단 집 입구부터 둘러보기 시작했다. 나무로 짜서 만든 네모난 틀밭 세 개가 쪼르륵 보인다.

요즘은 틀밭을 친환경적으로 만드는데 저희는 아이 교육용으로 나무에 색칠을 좀 했어요. 그러고 나서 아이랑 같이 씨를 뿌리다 쏟는 바람에 새싹들이 난리가 났죠.

**희영  뿌린 씨가 당근인가 봐요.**

맞아요. 그래서 여기가 다 당근밭이 됐어요.

**희영  이번에는 아이랑 '솎아내기' 놀이를 해야겠어요. (웃음) 틀밭 규모가 꽤 되는데요?**

틀밭 세 개를 만들었어요. 360센티미터짜리 나무를 4등분해서 틀 하나당 폭을 90센티미터로 했고, 구획을 여섯 개로 나눴어요. 제일 안쪽 틀밭에는 아스파라거스 같은 여러해살이를 심었고요. 나머지는 토마토, 브로콜리, 잎채소 그리고 파종용 씨예요.

**희영  급수시설도 해놓았네요.**

미니 스프링클러로 검색하면 나오는 제품이에요. 그리고 스프링클러를 올린 지지대는 강선이라고 하는 건데요, 농사지을 때도 흔히 사용해요. 긴 강선을 3등분으로 잘라서 아이랑 남편이랑 셋이 같이 조립했어요.

**희영  아이들은 물 트는 거 좋아하잖아요.**

그래서 아이가 하원하면 같이 틀밭을 산책을 하는데, '분수 틀어' 그러면
틀어줘야 해요.


텃밭 옆으로 멋있는 자태의 안개나무 '로열 퍼플'(이하 자엽안개나무)이 보였다.
지금까지 여러 정원 촬영하면서 본 자엽안개나무 중에 가장 큰 것 같다. 이건
리노베이션 하기 전부터 있었겠지?


이게 사실 두 주예요. 한 주는 다관◆이 됐고, 또 하나는 외목대로 컸어요.
**희영** 그렇군요. 보통 자엽안개나무가 다관으로 커서 한 주라고 생각했어요. 엄청 멋지게
**잘 컸네요. 그 옆엔 주목도 있고 단풍나무도 있네요.**
단풍이랑 주목은 조그마할 때 심은 거예요. 사실 이번 리모델링 하면서 자리를
다시 찾아줘야 했는데 놓쳤어요.
**희영** **이 자리는 자엽안개나무한테 자리를 주고 다른 나무들은 빼서 정리를 해야 할 거**
**같네요.**
맞아요. 자리싸움을 하고 있어서 정리를 꼭 해야 해요. 여기가 구석이고
그늘이라서 나무 아래는 눈개승마랑 휴케라를 심었어요.


울타리 쪽에는 수양올벚나무를 심었는데, 벚나무가 속성수인 줄 모르고
심었다고 한다. 속성수는 예상보다 금방 자라는 탓에 아니다 싶어도 캐내기
힘드니 깊게 고민하고 심어야 한다.
정원 한가운데를 높여서 만든 자연스러운 곡선의 디딤석 길은 이번에 새로
조성했다. 길 양쪽을 화단으로 만들고, 호스를 지면에 깔아 급수가 편하도록
했다.


**희영** **정원 길도 직접 만든 거죠?**
디딤석을 딱 한 팔레트 사용했어요.


◆  줄기가 여러 개로 뻗어 나와 자라는 수형.

**희영** 자연스러운 길에 맞춰 디딤석도 자유로운 모양이에요. 디딤석을 깔기 전에
방초포는 까셨어요?

아니요. 원래 있던 땅에 마사를 깔고 그 위에 디딤석을 앉혔어요.

**희영** 보통 땅을 평평하게 다지는데 완만하게 언덕을 살린 게 좋네요.

아이한테 계단보다 언덕이 좋을 거 같아서 언덕을 살렸어요.

**희영** 디딤석 길 양쪽에는 감둥사초를 쪼로록 심었네요.

사초 잎 끝이 유리질인 경우가 간혹 있어서 아이한테 위험하지 않은 사초를
찾다가 감둥사초를 추천받았어요. 질감도 형태도 마음에 들어요.


집 건물 현관으로 들어가는 데크의 입구. 원래 장미 아치가 있던 곳이었으나
무게감 있는 침엽수인 로키향나무 '블루엔젤'과 측백나무를 심어 아치를
대체했고, 데크 앞쪽으로는 미스김라일락을 나란히 심었다.


미스김라일락 하고 원래 있던 수수꽃다리를 이식해서 같이 심었어요. 모두 일곱
주예요.

**희영** 비슷한 두 나무를 섞어 심으셨네요. 지금은 라일락 키가 작지만 잘 자라면 봄에
아름답겠어요. 향도 황홀하겠고요.


집과 외부를 구분하는 울타리 근처 화단으로 간다. 함부르크 피닉스라는
선명한 붉은색 독일 장미를 울타리로 옮겨 심었는데, 몸살이 났다며 걱정했다.
장미는 이식하면 다른 식물보다 몸살을 잃지만, 우주당의 장미는 금방 기운을
차릴 것 같아 위로를 건넸다. 온실로 향하는 길 위로 선다.


**희영** 수국 앞은 맥문동인가요?

'블랙 몬도 그라스'라고도 불리는 작은잎맥문아재비 '니그레센스'예요. 이 화단을
수국 존으로 계획하고 앞쪽에 심을 지피류를 고르다가 추천받았어요. 처음 잎이
나올 때는 초록색이었는데 빛을 보면 검정으로 변하나 봐요. 정말 매력적이라 잘
퍼졌으면 좋겠어요.

이 정원의 주인공인 아이를 위한 모래놀이장.

집과 이어진 데크 앞으로 넓은 모래놀이장이 보인다. 모래놀이장 위에는
이곳의 주인인 아이의 작은 트럭과 카트가 놓여 있다. 부모가 숙고해서 심은
아름다운 식물들로 둘러싸인 이 모래놀이장에서 아이는 얼마나 행복한
시간을 보낼까. 처음 집을 짓고 다섯 살 서정이를 위해 뒷마당에 만들었던 작은
모래놀이장이 생각났다. 이건 정원 있는 집 아이들이 누릴 수 있는 특권이다.


이 정원의 하이라이트는 바로 이 모래놀이장이에요. 이 모래놀이장에서 놀면 두
시간은 끄떡없어요.

**희영**  두 시간에서 왠지 모를 뿌듯함이 느껴지는걸요.

오후 4시에 하원하면 정원에서 두 시간 놀고, 6시에 저녁밥 먹고.

**희영**  그럼 밥 먹고 코 자겠어요.

맞아요.

**희영**  여기가 놀이공원 근처인데 거기보다 더 가깝고, 입장료도 없고, 좋네요.

**모래놀이장이 커서 친구를 다섯 명 데리고 와도 되겠어요.**

친구들 다 와도 되죠. (웃음)

**희영**  위에 그늘막만 하나 만들어주면 더 좋겠어요.

맞아요. 안 그래도 차양을 고르고 있어요.


집 뒤에 있는 온실은 남편과 함께 직접 지었는데, 미완성이라고 한다. 칠을 해야
한다고 하지만 목재 색이 그대로 보이는 지금도 보기 좋다. 눈길을 끈 온실
바닥 벽돌은 원래 정원에 있던 것을 싹 옮겨서 깐 것이라고.


**희영**  온실 안에 펜던트 조명도 어울리는 걸로 잘 골라서 달았네요. 이 온실도 아주
**기대돼요.**

* * *

촬영이 끝나고 한 달 후 사진들이 도착했다. 그사이 우주당 정원에는 촬영 때 피지 않은 꽃들이 하나둘 아름답게 피어나고 있었다. 이삭꼬리풀, 자주천인국(에키네시아), 스토케시아 라이비스, 장미 등등……. 사진 중에서도 편안한 내복 차림에 밀짚모자를 쓰고 엄마가 꺾어놓은 꽃들을 바라보며 웃고 있는 아이의 사진이 가장 감동적이었다. 아이는 엄마, 아빠가 정성스레 꾸며준 정원에서 어떤 추억들을 만들어갈까. 꽃과 식물에 둘러싸여 크는 아이의 마음에는 다양한 꽃 색깔처럼 고운 이야기들이 차곡차곡 쌓일 테다.

# 우주당 식물들

| 이름 | 학명 또는 품종명 | 참고 |
|---|---|---|
| 당근 | *Daucus carota* subsp. *sativus* | 주로 씨앗을 심어서 새싹을 솎아주며 키운다. 병충해가 적어 키우기 쉽다. |
| 아스파라거스 | *Asparagus officinalis* | 한 번 심으면 10~15년 동안 봄마다 수확할 수 있다. |
| 안개나무 '로열 퍼플' | *Cotinus coggygria* 'Royal Purple' | 203쪽 참고. |
| 주목 | *Taxus cuspidata* | 113쪽 참고. |
| 단풍나무 | *Acer palmatum* | 널리 사랑받는 대표적인 관상수다. 아기 손을 닮은 잎은 가을이면 붉게 물든다. 성장은 느린 편이며, 이른 봄에 가지치기를 하는 것이 좋다. |
| 눈개승마 | *Aruncus dioicus* | 곧은 줄기에서 피어난 작은 흰 꽃 뭉치가 마치 염소 수염처럼 보인다. 키가 제법 커서 정원 뒤쪽에 배경처럼 심을 수 있다. |
| 휴케라 | *Heuchera sanguinea* | 89쪽 참고. |
| 수양올벚나무 '펜둘라 로세아' | *Prunus pendula* 'Pendula Rosea' | 이름에 들어간 '수양'은 가지가 버드나무처럼 늘어진다는 뜻으로, 4월에 꽃이 피면 아주 환상적이다. 습한 곳에서 잘 자란다. |
| 감둥사초 | *Carex atrata* | 작은 그라스의 한 종류로, 고산 지역의 초원에 자생하는 식물이다. 여름에 이삭 모양의 어두운 갈색 꽃이 핀다. 반양지나 반음지에서도 잘 자라며, 과습을 싫어한다. |
| 로키향나무 '그레이 글림' (블루엔젤) | *Juniperus scopulorum* 'Gray Gleam' | 사계절 잎이 지지 않는 상록 침엽수. 아름다운 은청색 잎과 깔끔한 원추형 수형이 특징이다. |
| 측백나무 | *Platycladus orientalis* | 우리나라에서 오래전부터 흔하게 경계수로 키우는 상록 교목이다. 병충해에 강하다. |
| 미스김라일락 | *Syringa pubescens subsp. patula* 'Miss Kim' | 우리나라에서 자생한 수수꽃다리 종류를 원예용으로 개발한 식물이다. 일반 라일락에 비해 키가 작고, 꽃의 색이 진하며, 향도 더 머스키한 편. 일반 라일락보다 키우기 쉽고, 개화가 늦다. |

| 이름 | 학명 또는 품종명 | 참고 |
| --- | --- | --- |
| **수수꽃다리** | *Syringa oblata var. dilatata* | 미스김라일락의 모태가 되는 우리나라 자생 고유식물이다. 병충해가 적어 키우기 쉽다. |
| **장미 '함부르크 피닉스'** | *Rosa* 'Hamburg Phoenix' | 독일 코르데스의 덩굴장미로 반겹꽃의 붉은 꽃이 핀다. 꽃심 부분이 선명한 흰색이다. 생명력이 강하다. |
| **작은잎맥문아재비 '니그레센스'** | *Ophiopogon planiscapus* 'Nigrescens' | 잎이 검은색에 가까워 '흑맥문동'으로도 불린다. 여름에 연분홍색의 작은 꽃이 피고, 가을에는 흑진주 같은 까만 열매가 달려 관상 가치도 훌륭하다. 그늘에서도 잘 자라니 나무 아래나 해가 부족한 곳에 지피식물로 심길 추천한다. |
| **이삭꼬리풀** | *Veronica spicata* | '베로니카'로도 불리는 여러해살이 식물로, 긴 가지에 꽃이 가득 핀다. 종류가 다양하고 품이 크지 않아 식물 사이사이에 섞어 심기 좋다. |
| **자주천인국(에키네시아)** | *Echinacea purpurea* | 33쪽 참고. |
| **스토케시아 라이비스** | *Stokesia laevis* | 국화과로, 초여름에 연한 보라색 큰 꽃을 피우기 시작한다. 추위와 건조한 날씨에 강해서 노지월동도 한다. |

# 11

# October, autumn

# 솔매음정원

전남도청의 초대로 찾아간 아름다운 민간정원 중 한 곳이다. 그 규모도, 식재된 식물 종류도, 정원에 대한 철학도, 놀라움의 연속이었다. 식물을 좋아해 40년 전 청년일 때부터 나무를 심어 시작했다는 이 정원은 사실, 산에 가깝다. 만년콩, 백부자, 지리터리풀, 처녀치마……. 멸종위기 식물과 우리나라 특산식물 앞에 서니 이제는 식물을 제법 안다고 자부했던 마음이 절로 겸손해졌다. 오랜 시간 정원을 가꾸며 식물을 사랑한 법학교수의 철학이, 정원을 가꾸는 우리에게, 또 앞으로 정원을 가꿀 이들에게 어떤 울림을 줄지 기대하며 만나본다.

# 솔매음정원 평면도

자생식물원
백부자
처녀치마
지리터리풀
윤판나물

목련원
벌컨
블루 오팔
블루 베이비
옐로 버드

특산식물원
변산바람꽃
하늘말나리
얼레지
섬노루귀

위기멸종식물원
복주머니란
나도승마

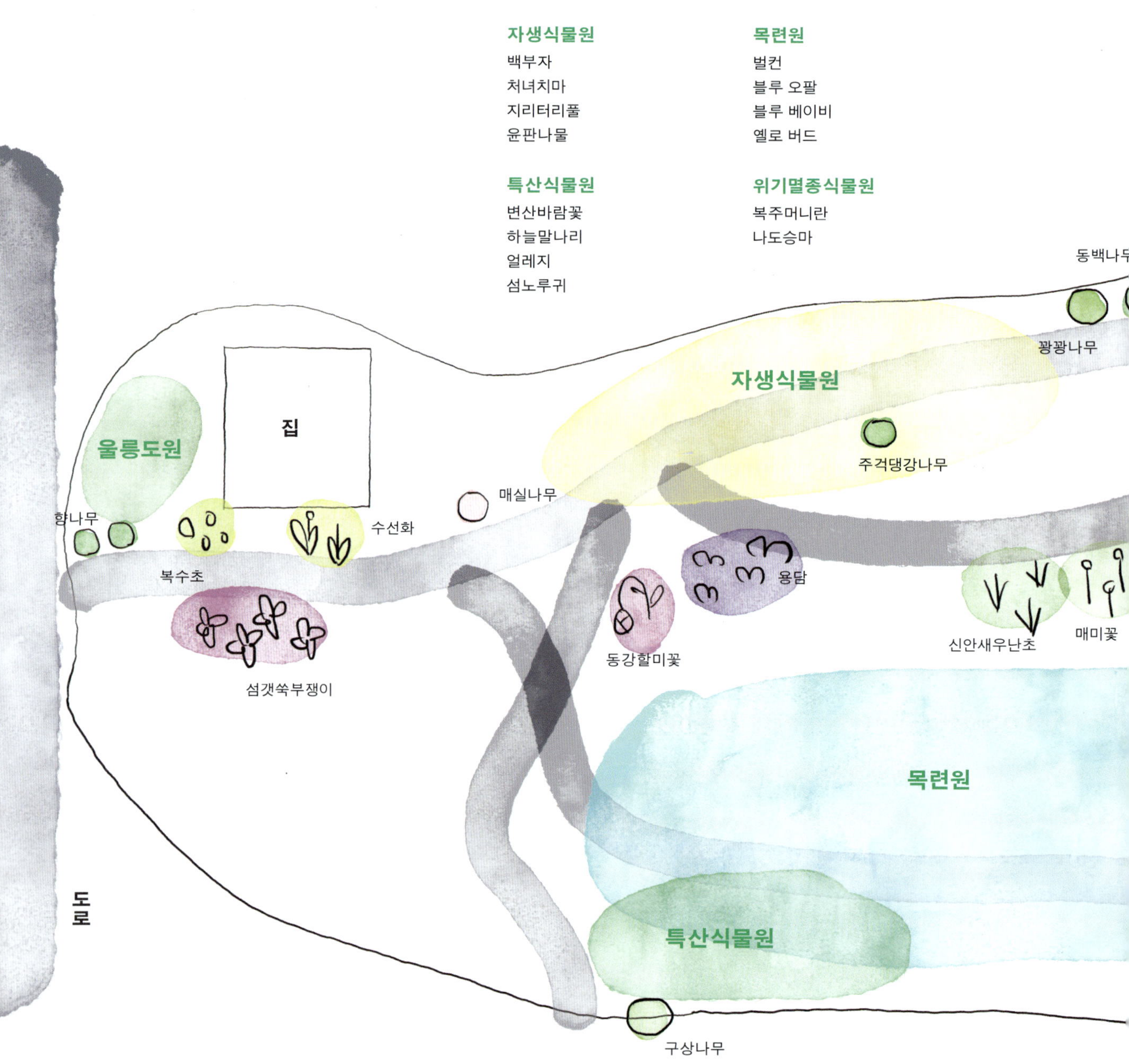

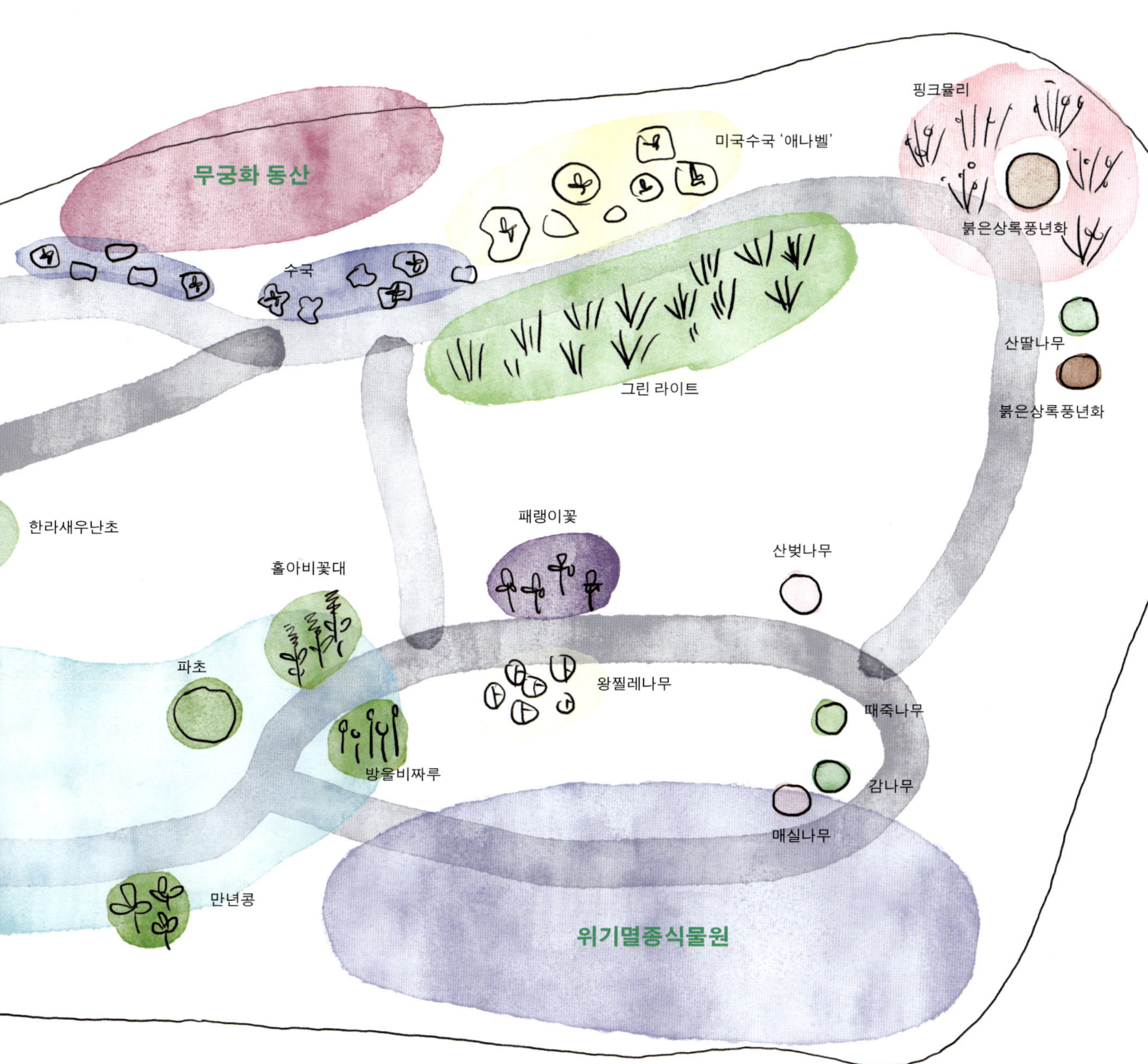
핑크뮬리
미국수국 '애나벨'
무궁화 동산
붉은상록풍년화
수국
그린 라이트
산딸나무
붉은상록풍년화
한라새우난초
패랭이꽃
산벚나무
홀아비꽃대
파초
왕찔레나무
때죽나무
방울비짜루
감나무
매실나무
만년콩
위기멸종식물원

**희영**  정원 이름을 솔매음정원으로 지은 이유가 무엇인가요?

제가 소나무라든가 가문비나무, 구상나무 등 소나무과 식물을
좋아해서 '솔', 또 여기 큰 나무들이 모두 매실나무라서 '매', 음은
소리 '음'이에요. 정원의 나무 하나하나가 음표가 되고, 음표가
모여서 악보가 되고, 또 그 악보를 펼쳐 놓으면 새들이 와서 노래도
부르고, 사람도 즐거워하고. 그렇게 정원이 하나의 음악과 같다
해서 '솔매음정원'이라고 지었어요.

**희영**  이 정원을 가꾼 지는 얼마나 되었나요?

한 40년 됐습니다. 옆집이 본가인데, 가난한 20대 시절에도 제가
나무를 좋아해서 집 옆에 나무 식재를 시작한 거예요. 그렇게 제가
혼자 힘으로 만든 정원입니다.

깊은 산속에 자리 잡은 모던한 흰색 집 앞으로 직접 만든 연못과
정원이 꾸며져 있다. 이 정원이 전부라고 생각했다면, 전라남도
민간정원의 스케일을 모르는 것. 정원 한쪽으로 난 오솔길을
따라 산으로 올라가면 본격적으로 어마어마한 스케일의 산속
정원이 있다. 작은 정원을 가꾸는 내가 보기에는 그냥 산 하나를
통째로 가꾼 느낌이다. 한쪽으로 장독대가 정겹게 놓여 있는
오솔길을 따라 걷기 시작한다.

장독대는 모두 어머니가 사용했던 거예요. 봄이면 수선화와
복수초가 많이 올라옵니다. 위쪽에는 섬노루귀, 울릉도 고추냉이가
있고, 울릉도 미역고사리도 있어요. 모두 한국 특산식물이죠.

수선화는 알겠는데, 복수초도 알겠는데, 섬노루귀? 울릉도
고추냉이? 울릉도 미역고사리? 정원을 오래 가꾸고 그래도
식물을 많이 안다고 생각했는데 아니었다. 이곳은 입구부터
완전히 새로운 세상이다.

우리나라 고유 특산식물인 울릉장구채.

만년콩은 법으로 정해진 멸종위기 야생생물 1급입니다. 그래서 천리포 수목원을
통해 합법적으로 분양받았어요.


가리킨 곳에 있는 작은 식물의 타원형 잎을 보니 콩과는 맞다. 만년콩이라니!
멸종위기 야생생물 1급이라니!


**희영  정말 귀한 식물이군요.**
멸종위기 야생생물 1급 중 육상식물은 우리나라에 13종이 있어요. 그중
하나예요.


신기한 우리나라 야생식물 이름을 들으며 산속 정원으로 들어간다. 걷다 보니
길 끝까지 수국이 가득하다. 이곳에 있는 수국은 떡갈잎수국, 애나벨 등 200여
품종으로 모두 다른 수국이라고 한다. 봄에 이 수국 다 피면 얼마나 황홀할까.


**희영  수국이 어마어마하네요. 중부지방 가드너들은 남부지방의 수국을 가장
부러워하거든요. 여기에서는 수국의 묵은 가지가 살잖아요. 중부지방 가드너들은 매년
겨울에 수국을 보온하느라 바빠요. 묵은 가지가 사니까 수국의 크기가 다르네요.**
그러니까 우리 남도는 정원 만들기가 굉장히 좋습니다. 저희 정원에 목련도
162품종, 300여 그루를 식재했습니다. 한 10년 뒤에는 목련 축제를 하는 것이
꿈이에요.
**희영  목련을 좋아하나 봐요.**
자생하는 백목련과 자목련 정도를 좋아하는데, 요즘엔 다양한 목련들이 국내에
들어오고 있어요. 천리포 수목원에 가도 다양하고요. 쨍한 붉은빛의 벌컨 목련은
너무나 아름다워서 감동을 받는 바람에 수집하게 됐어요. 노란 목련 품종만
6품종이 있고, 푸른색으로 꽃을 피우는, 흔하지 않은 블루 오팔이나 블루 베이비
같은 목련도 있어요.
**희영  저도 자목련과 백목련만 알고 있고, 꽃이 지저분하게 져서 별로라고 생각했는데,
목련의 세계도 깊고 넓네요. 축제를 계획할 만해요. 기대할게요.**

흔히 볼 수 있는 갯쑥부쟁이.

조금 더 올라가보니 길옆으로 크고 작은 돌을 놓아 자연스럽게 길과 구분되는
공간이 나왔다. 근데 여기가 개인 정원이라고? 공원 아닌가?

왼쪽에는 우리 특산 식물들이 있어요. 전부 할미꽃 종류예요. 그리고
단양쑥부쟁이, 섬갯쑥부쟁이, 섬쑥부쟁이, 눈갯쑥부쟁이, 이런 쑥부쟁이속
식물도 많거든요. 쑥부쟁이가 피고 나면, 포천구절초 같은 구절초속 식물들이
다음 순서로 피게 됩니다. 가을에는 제가 좋아하는 보라색 용담이 펴요.
아기용담도 예쁘고 큰 용담도 예쁘죠.
**희영  저도 파란빛 나는 보라색 용담꽃 좋아해요.**

생전 처음 들어보는 쑥부쟁이 이름들. 나는 여태 미국쑥부쟁이를 제일
많이 본 것 같은데. 내가 우리 식물들을 참 몰랐구나 싶어서 이 정원에 있는
쑥부쟁이들에게 새삼 미안해졌다. 울릉도 특산식물이자 멸종위기 야생생물
2급인 섬현삼, 마찬가지로 멸종위기 야생생물 2급인 백부자 옆으로 처녀치마가
자라고 있다.

아이 손바닥 같은 잎이 나는 이 식물은 나도승마예요. 노란색 꽃이 피는데
멸종위기 야생생물 2급으로 지정됐어요. 그 옆에는 지리터리풀, 또 만병초, 그
옆에는 윤판나물이고요.
**희영  이 많고 어려운 식물 이름을 어떻게 다 외운 거죠?**
제가 우리 식물들을 참 좋아합니다. (웃음)

걸어 올라가다가 또 한 무더기의 식물들이 있는 곳에서 발걸음을 멈춘다. 주로
난초과 식물들이 있는 곳으로, 봄이 되면 변산바람꽃이 제일 먼저 핀다고 한다.
멸종위기 야생생물 2급인 신안새우난초, 한라새우난초, 그리고 그 아래로는
복주머니란이 식재돼 있고, 우리 특산식물인 매미꽃도 있다. 복주머니란은
두더지가 자꾸 파헤치는 탓에 뿌리를 보호하기 위해 바구니처럼 생긴 화분에
담아서 식재했다고.

산으로 천천히 더 올라가본다. 나무와 야생화가 가득이다. 바위 아래에 작고 낮은 식물들이 자리를 잡고 피어 있다. 이 식물들도 처음 들어보는 이름의 특산식물들이겠지?

봄이면 바위 아래는 꽃 모양이 재미있는 얼레지가 펴요. 그 앞으로는 홀아비꽃대가 흰 꽃을 이삭처럼 피워요. 그리고 제일 앞쪽에 있는 식물은 주황색 꽃이 피는 하늘말나리예요. 그사이에 붉은 열매가 달린 이 식물은 방울비짜루라는 식물인데, 열매가 익으면 진주처럼 동글동글해요. 이곳은 봄부터 식물들이 피고 지는 모습을 사람들이 볼 수 있게 제가 연출한 겁니다.

**희영**  오늘 새로운 식물을 많이 만나네요.

봄이 되면 온갖 야생화가 피어 정말 아름다울 정원을 상상하며 길을 따라가다 보니 양쪽에 열대 느낌의 거대한 나뭇잎이 드리운다.

**희영**  혹시 바나나예요?

바나나 친구인 파초입니다. 파초꽃은 보기가 어려운데, 벌들이 지금 꽃에 들어가 있네요. 이 꽃이 수정되면 열매가 열리고, 수정이 안 되면 꽃이 떨어지면서 꽃대를 따라 그 흔적이 나이테처럼 남아요. 파초 생김새가 독특해서 요즘 수입되는 열대식물처럼 보일 수 있지만, 역사가 깊어요. 옛 선비들은 종이가 없으면 파초잎에 붓글씨를 쓰고 지우며 연습을 하기도 했고, 조선 정조 때 그려진 파초도라는 그림도 있어요. 이 파초를 지나가면 '비밀 정원'입니다.

**희영**  열매가 달린 꽃대에 정말 나이테처럼 흔적이 남아 있네요. 몇 개나 폈었는지 셀 수도 있겠는데요?

열대식물 느낌이 물씬 풍기는 신비한 파초를 뒤로하고 '비밀 정원'으로 들어섰다. 제일 먼저 무궁화가 보였다. 이곳에 총 200여 품종, 650주의 무궁화가 있다. 최초로 식재한 무궁화는 50여 년 된 것으로, 나무가 무척 크다. 이렇게 자란 무궁화는 처음이라 낯설다.

열대식물처럼 보이는 파초.

보통 가로수나 작은 마당에 심은 무궁화는 위를 잘라서 키워요. 그렇게 키워야
하는 장소도 있지만, 넓은 정원에서는 자르지 말고 크게 키워야 합니다. 그래야
무궁화가 꽃도 화려하고 나무도 위풍당당하게 느껴지거든요.

**희영** 제가 여기서 무궁화의 제 모습을 보네요.

무궁화 나무 아래에 있는 보라색 꽃은 부산꼬리풀입니다. 부산에서 최초로
발견돼서 부산꼬리풀이에요. 일반 꼬리풀은 키가 큰데, 부산꼬리풀은 해변에서
바닷바람을 받고 자라기 때문에 키가 자랄 수 없어서 옆으로 퍼집니다.

**희영** 꽃 모양은 일반 꼬리풀이랑 똑같은데 그런 특징이 있군요. 작게 자라는 꼬리풀을
원한다면 부산꼬리풀을 심으면 좋겠어요.

산을 오르며 진귀한 식물들 이야기를 듣다 보니 갑자기 궁금해진다. '이 정원을
몇 퍼센트나 본 걸까?' 솔매음정원 지기가 한참 앞서 올라가며 대답한다.

3분의 1 정도 봤어요.

커다란 돌 아래로 잔디처럼 뾰족한 은색 잎의 식물이 땅을 가득 덮고 있었다.
드디어 나왔다! 내가 아는 식물.

**희영** 이 식물 이름은 패랭이꽃이죠?

정말 곱죠? 저는 정원에 패랭이꽃 식재를 고민하는 사람이 있을 때 상록패랭이를
추천하고 있어요. 이렇게 상록인데다, 색도 예쁘고, 꽃도 화사하고, 향도 얼마나
진해요.

**희영** 석축에 심어도 참 잘 어울리더라고요. 저도 상록패랭이 추천입니다.

걷다 보니 특이한 바위를 발견했다. 아주 커다란 바위 위에 그보다 작은 바위가
얹어져 있고, 그 바위 위에 더 큰 바위가 비스듬하게 올려져 있다. 그리고
신기하게도 그 바위 안에서 식물이 자라서 가지를 늘어뜨리고 있었다.

왕찔레나무예요. 봄이면 하얗고 큰 꽃이 핍니다. 정말로 아름다운 식물이에요.

**희영** **이렇게 귀하고 특이한 식물들은 어디서 구한 건가요?**

제가 전국의 화훼 사업을 하는 분들을 좀 알고 있고, 수목원이나 식물원과도 교류를 합니다. 귀한 나무는 제가 기증도 하고요. 그래서 다양한 수종들을 도입할 수 있었어요.

한참을 올라왔는데 아직도 정상은 멀었다. 정원을 다 보지도 못했다. 문득 지나온 바닥이 떠올랐다. 바닥은 벽돌로 포장됐는데 모두 직접 깐 모양새였다. 이 큰 산의 이 많은 길을 언제 다 벽돌로 깐 걸까. 정원에 대한 애정, 식물에 대한 열정이 없다면 절대로 할 수 없는 일이다.

이제 산 정상인가 싶었는데 저 멀리 거대한 그라스 군락이 보인다. 마침 이삭이 피어오르는 가을이라 흰 억새 군락도 마치 구름처럼 보인다. 가을에만 즐길 수 있는 풍경이다.

**희영** **산 정상의 정원은 아래쪽 정원과 다른 세상 같네요. 어떤 그라스들을 심었나요?**

그린 라이트, 모닝 라이트, 핑크뮬리 등입니다.

**희영** **여기는 가리는 것 없이 풍광이 그대로 들어와 그린 라이트의 이삭도 물결처럼 반짝여요.**

그라스를 심은 건 5년 정도 됐어요. 분주하면서 늘리기 좋은 식물이라 이렇게 군락을 이뤘네요.

언덕 가득 그라스가 바람에 춤추고 있는 산 정상까지 여러 식물을 둘러보며 올라왔다. 우리나라 특산식물과 멸종위기 식물, 개성 있는 외래종 등 다른 정원에서는 볼 수 없었던 식물을 잔뜩 만날 수 있어 가슴이 벅찼다. 무엇보다 정원을 모두 본 뒤에 듣게 된 솔매음정원 지기의 원칙이 인상 깊어 옮긴다.

1. 정원 일지를 써라.
2. 정원 가꾸기는 수고로움이 동반된다.

3. 식물을 차별하면 안 된다.

4. 보이기 위한 정원은 지양한다.

5. 정원을 통해 사람을 만난다.

* * *

정원이라고 불러야 할지, 산이라고 불러야 할지 알 수 없는 이 커다란 산속 정원을 둘러보며, 정원에 대한 한 사람의 순수한 열정이 산을 정원으로 바꿀 수 있다는 사실에 감탄할 수밖에 없었다. 무엇보다 그저 예쁘다는 이유로 심은 내 정원의 외래식물을 떠올리며, 정원 생태에 대해 고민하는 시간을 가질 수 있었다. 더불어 우리나라에서 자라는 토종식물은 어떤 종류가 있는지, 어떻게 지켜지고 있는지에 대해서도 생각해보게 되었다. 그뿐일까. 나의 휘뚜루마뚜루식 가드닝도 다시 점검해야 하지 않을까 싶다. 우선 정원 일지 쓰기에 다시 도전해볼 생각이다. 그러다 보면 내 정원만의 해답을 찾을지도 모를 일이니까.

# 솔매음정원 식물들

| 이름 | 학명 또는 품종명 | 참고 |
| --- | --- | --- |
| **수선화** | *Narcissus* spp. | 180쪽 참고. |
| **복수초** | *Adonis amurensis* | 봄에 가장 먼저 피는 야생화 중 하나다. 땅에 딱 붙은 노란 꽃이 특징이다. 주로 나무 그늘에서 난다. |
| **섬노루귀** | *Hepatica maxima* | 울릉도에서 자생하는 우리나라 고유식물이다. 일반 노루귀에 비해 잎과 꽃이 모두 크고 두꺼워서 큰노루귀 또는 왕노루귀로도 불린다. 혹독한 겨울 추위 속에서도 잎을 간직하는 강인한 생명력을 가졌다. |
| **고추냉이(울릉도)** | *Eutrema japonicum* | 맑은 물이 흐르는 계곡 주변에서 서식하며, 잎은 둥글고 넓고, 꽃은 작고 희다. 울릉도는 우리나라에서 유일한 고추냉이 자생지다. |
| **미역고사리(울릉도)** | *Polypodium vulgare* | 바위나 나무에 붙어 사는 희귀한 착생식물이다. '큰나도우드풀'이라고도 한다. |
| **만년콩** | *Euchresta japonica* | 제주도 일부 난대림에서만 자생하는 '멸종위기 야생생물 1급'이다. '만년'이라는 이름처럼 사계절 내내 푸른 잎을 유지한다. |
| **떡갈잎수국** | *Hydrangea quercifolia* | 콘 모양으로 늘어져 피는 꽃이 특징인 수국이다. 일반 수국과 달리 손 모양의 큰 잎을 가졌다. 가을에 단풍이 들면 특히 아름답다. |
| **미국수국 '애나벨'** | *Hydrangea arborescens* 'Annabelle' | 34쪽 참고. |
| **목련 '벌컨'** | Magnolia 'Vulcan' | 뉴질랜드 펠릭스 주리(Felix Jury)가 육종한 품종으로, 봄이면 화산이 타오르는 듯한 강렬한 붉은색 꽃이 핀다. |
| **목련 '블루 오팔'** | *Magnolia acuminata* 'Blue Opal' | 꽃봉오리가 푸른색을 띠다가 개화하면 꽃 안쪽은 노란색인, 매우 독특하고 희귀한 황목련의 원예 품종이다. 강원 산간을 제외하면 월동이 가능하다. |

| 이름 | 학명 또는 품종명 | 참고 |
| --- | --- | --- |
| 목련 '블루 베이비' | *Magnolia acuminata* 'Blue Baby' | 네덜란드 피에트 베르겔트(Piet Vergeldt)에서 육종한 황목련의 원예 품종이다. 짙은 녹색이 도는 푸른 꽃잎이 매우 특별하다. 블루오팔에 비해 작은 편이고 성장 속도가 적당하다. |
| 할미꽃 | *Pulsatilla koreana* | 꽃이 진 뒤 열매에 달린 하얀 털이 마치 흰머리카락 같다고 해서 붙여진 이름이다. 4~5월쯤 꽃이 종 모양처럼 아래를 향해 핀다. |
| 단양쑥부쟁이 | *Aster danyangensis* | 충청북도 단양 지역의 남한강변에서 자생하는 우리나라 고유종으로 '솔잎국화'라고도 불린다. '멸종위기 야생생물 2급'으로 지정되어 보호받고 있다. 자갈밭이나 모래땅 같은 환경에서 산다. |
| 섬갯쑥부쟁이 | *Aster arenarius* | 우리나라 동해안 지역과 제주도 바닷가에서 흔히 볼 수 있다. 바닷가라는 척박한 환경에 적응하기 위해 잎이 두꺼워지고 키도 작아졌다. |
| 섬쑥부쟁이 | *Aster pseudoglehnii* | 주로 울릉도에서 자생하는 쑥부쟁이로 '부지깽이나물'이라고도 한다. 어린 순이 맛이 좋아 인기다. |
| 눈갯쑥부쟁이 | *Aster hayatae* | 제주도 한라산 고산 지대에서 자생하는 우리나라 고유 특산식물로 누워서 자라는 특징 때문에 '눈개'라는 이름이 붙었다. 라일락 같은 보라색 꽃잎과 노란 꽃심이 조화롭다. |
| 포천구절초 | *Chrysanthemum zawadzkii var. tenuisectum* | 경기도 포천의 한탄강과 운악산 일대에서 처음 발견된 우리나라 고유종. 다른 구절초와 달리 잎이 매우 가늘다. |
| 용담 | *Gentiana scabra* | 우리나라 산과 들의 습하고 양지바른 곳에 자생하는 식물로, 원예종도 많다. 늦여름부터 가을까지 종 모양의 푸른색 꽃이 핀다. |
| 섬현삼 | *Scrophularia takesimensis* | 우리나라 울릉도 해안가에서만 볼 수 있는 고유종이자 '멸종위기 야생생물 2급'이다. 6~7월에 줄기 끝에 녹색이 도는 검붉은 원추 모양의 꽃이 무리지어 핀다. |

| 이름 | 학명 또는 품종명 | 참고 |
| --- | --- | --- |
| **백부자** | *Aconitum coreanum* | 미나리아재빗과에 속하는 식물로 '멸종위기 야생생물 2급'이다. 투구 모양인 크림색 꽃이 핀다. |
| **처녀치마** | *Heloniopsis koreana* | 백합과의 여러해살이풀로, 이른 봄에 꽃을 피워 '봄의 전령사'로도 불린다. 뿌리 근처에서 올라와 사방으로 퍼지는 잎이 치마폭을 닮았다고 해서 이름 붙었다. |
| **나도승마** | *Kirengeshoma koreana* | 전라남도 광양의 백운산과 경상남도 산청, 지리산 일부 지역에서만 자라는 고유종. 꽃 모양이 미나리아재빗과인 승마와 비슷해 '나도승마'라는 재밌는 이름이 붙었다. 1미터 내외로 자라며 노란 홑꽃이 핀다. '멸종위기 야생생물 2급'이다. |
| **만병초** | *Rhododendron brachycarpum* | 설악산에 자생하는 '멸종위기 야생생물 2급'으로, 상록수의 두껍고 윤기 나는 잎을 가지고 있으며, 5~7월에 흰빛을 띤 노란 꽃이 핀다. |
| **지리터리풀** | *Filipendula formosa* | 고원지인 지리산 일대에서만 자생하는 우리나라 고유식물. 7~8월에 피는 몽글몽글한 안개 같은 쨍한 분홍색의 꽃이 아름답다. |
| **윤판나물** | *Disporum uniflorum* | 주로 섬 지역에서 자생하며, 녹색을 띤 종 모양의 꽃이 핀다. |
| **변산바람꽃** | *Eranthis byunsanensis* | 전라북도 부안의 변산반도에서 처음 발견되었으며, 우리나라 고유식물이다. 아직 추위가 가시지 않은 이른 봄(2~3월), 눈 속에서 흰 꽃을 피운다. 꽃술이 눈에 띈다. 계곡 주변이나 숲 가장자리에서 난다. |
| **신안새우난초** | *Calanthe aristulifera* | 전라남도 신안군의 일부 섬에서만 자생하는 희귀식물로 '멸종위기 야생생물 2급'으로 지정되어 보호받고 있다. 4~5월에 연한 보라색 꽃이 피는데, 꽃이 작고 꿀주머니가 위로 향하는 것이 일반 새우난초와 다른 점이다. |
| **한라새우난초** | *Calanthe striata* | 제주도 한라산 일대에 주로 분포하는 새우난초와 금새우난초의 자연 교잡종. 꽃 색이 다양하고 크기가 커 관상 가치가 높다. |

| 이름 | 학명 또는 품종명 | 참고 |
| --- | --- | --- |
| **복주머니란** | *Cypripedium macranthos* | '멸종위기 야생생물 2급'이며, 주머니처럼 생긴 독특한 꽃 모양으로 인해 이름이 붙었다. 꽃은 5~7월에 피며, 자주색과 흰색, 분홍색이 섞여 있다. |
| **매미꽃** | *Coreanomecon hylomeconoides* | 남부지방에서 자생하는 우리나라 고유 특산식물이다. 키는 20~40센티미터이며, 봄에 노란 꽃이 핀다. |
| **얼레지** | *Erythronium japonicum* | 눈이 녹기 전에 피는 백합과의 야생화. 꽃 색에 따라 노랑얼레지, 흰얼레지 등으로 나뉘며 종류가 다양하다. '가재무릇'이라고도 한다. |
| **홀아비꽃대** | *Chloranthus quadrifolius* | 숲속에서 자라는 야생화. 하나의 꽃대에 한 송이의 꽃이 외롭게 핀다고 해서 붙은 이름이다. 촛대 같은 꽃대에 청초한 흰 꽃이 핀다. |
| **하늘말나리** | *Lilium tsingtauense* | 우리나라 자생종 백합과 식물. '우산말나리'라고도 한다. 7~8월에 화려한 주황색 꽃이 하늘을 향해 핀다. 해가 있는 촉촉한 땅을 좋아한다. |
| **방울비짜루** | *Asparagus oligoclonos* | 긴 꽃자루 끝에 방울처럼 둥근 열매가 달린다. 이 열매는 겨울까지 달려 있다. 가지와 잎이 솔잎처럼 생겼다. |
| **파초** | *Musa basjoo* | 중국이 원산지이며, 커다란 잎이 바나나 잎과 비슷하게 생겼지만, 열매는 맛이 없어 못 먹는다. 조선시대 많은 문인이 잎에 글을 쓰거나 파초를 주제로 그림을 그리며 풍류를 즐겼다. 해가 잘 들고 따뜻한 곳에 심어야 한다. |
| **무궁화** | *Hibiscus syriacus* | 우리나라 국화인 무궁화는 여름에 나무 가득 꽃이 핀다. 흔히 아는 분홍빛 섞인 보라색 외에도 다양한 원예종이 있다. |
| **부산꼬리풀** | *Veronica pusanensis* | 부산 기장군 해안에서 처음 발견된 우리나라 특산식물이다. 꼬리풀이지만 바람이 많이 부는 환경에 적응하기 위해 작은 키로 비스듬히 누워서 자라는 특징이 있다. |
| **패랭이꽃** | *Dianthus chinensis* | 잎이 조밀하게 자라며 사철 내내 푸르러서 지피식물로도 인기가 많다. 봄이면 달콤한 향의 꽃이 가득 핀다. |

| 이름 | 학명 또는 품종명 | 참고 |
| --- | --- | --- |
| **왕찔레나무** | *Rosa laevigata* | 주로 남부지방 해안가 특히 경남 거제 일대에서 발견되는 찔레나무. 노란 꽃심과 커다란 흰 꽃이 특징이다. 4~5월 중순에 꽃이 피는데, 기간은 일주일 정도로 짧다. |
| **참억새 '그린 라이트'** | *Miscanthus sinensis* 'Green Light' | 카페나 공공장소 조경에 흔히 이용되는 키가 큰 그라스다. 가을에 피는 은빛 꽃이 아름답다. 단, 금방 크므로 넉넉한 공간에 심어야 한다. |
| **핑크뮬리** | *Muhlenbergia capillaris* | 분홍색 안개 같은 꽃이 핀다. 햇빛이 잘 드는 곳에 심는 게 좋다. 다만 너무 잘 퍼지므로 원하지 않는 곳에 자라지 않도록 신경 써서 관리해야 한다. |

# 정원 돌보기 원칙

## 1. 정원 일지를 써라

한국은 북부와 남부의 꽃 피는 시기, 노지월동 여부가 다르다. 그러므로 정원 크기에
상관없이 자기 집에 꽃이 언제 피는지를 3년만 기록하면, 아무리 날씨 변동이 있어도
일주일 이상 차이 나지 않는다.

## 2. 정원 가꾸기는 수고로움이 동반된다

한 번 심어놓고 가만히 앉아서 아름다운 꽃을 기대하면 안 된다. 부단히 식물과
교감하며 기르는 것이 필요하다.

## 3. 식물을 차별하면 안 된다

지구에 사는 식물은 인류의 것으로 특정인이 주인이 될 수 없다. 국적에 따라
터부시하거나 귀하게 대접해서는 안 된다. 다만 우리나라에서 자라는 특산식물은
우리가 보존하고 보호해야 할 책임이 있다.

## 4. 보이기 위한 정원은 지양한다

남에게 보여주기 위한 정원을 만들기 시작하면 정원이 화려해지고, 식물이 어떤
환경에서 자라야 하는지도 무관심해진다.

## 5. 정원을 통해 사람을 만난다

사람들이 편안하게 찾을 수 있도록 정원을 가꾸고, 정원과 식물에 관한 이야기를
나누며 교류한다. 그렇게 맺은 인연은 소중히 한다.

# 12

*October, autumn*

# 화가의 정원 산책

따뜻한 남쪽은 중부지방에서는 상상할 수 없는, 향이 기가 막힌 금목서가 여기저기 피어 있겠지 하는 기대에 가슴이 부풀었다. 전남도청의 초대로 세계적으로 유명한 국가정원이 있는 순천으로 향했다. 순천 도심에서 10분 정도 달리니 포근한 전경이 나타났다. 작은 길 끝에 정원 이름이 쓰인 팻말과 사랑스러운 옷차림을 한 화가의 정원 산책 지기가 기다리고 있었다. 서양화가인 그의 작업실에는 직접 그린 꽃이 가득했고, 창밖으로 아름다운 꽃들이 넘실거렸다.

# 화가의 정원 산책 평면도

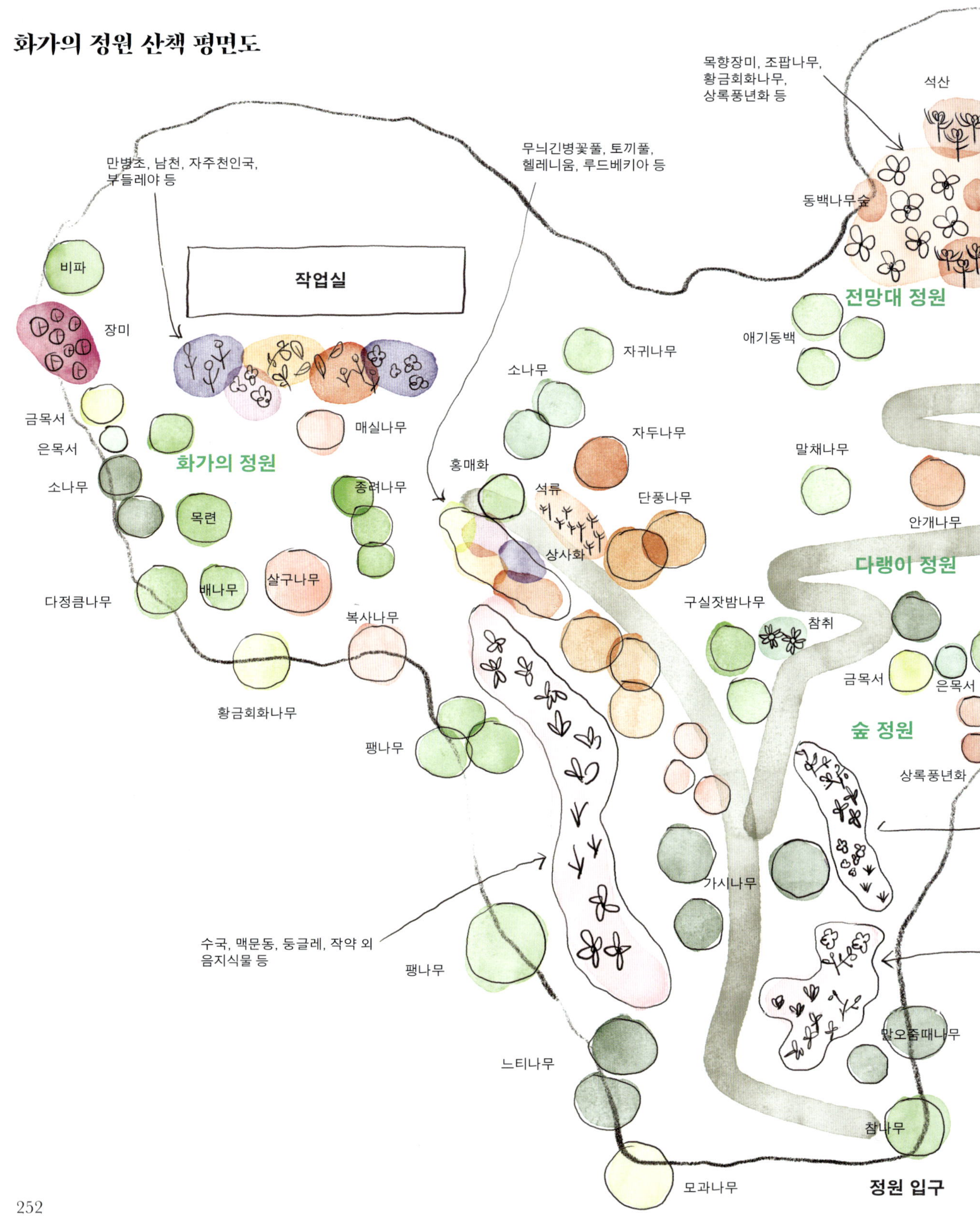


252

버들잎해바라기
치자나무
붉은상록풍년화
적피배롱나무
홍가시나무
측백나무
참죽나무 '플라밍고'
목백합
완도호랑가시나무
해 뜨는 정원
참꽃나무
스마라크트
참나무
산수유
대나무
참중나무 '플라밍고'
팽나무
백일홍, 땅주름, 부용 등
단풍나무
황금회화나무
만병초, 수국, 맥문동, 호스타,
콜레우스, 상사화 등
원추리, 삼지닥나무, 황매화 등
갤러리

길 양쪽에 심은 버들잎해바라기 '골든 피라미드'.

**희영** 순천만국가정원부터 이곳까지 **10분** 정도 걸리더라고요. 이 정원은 가꾼 지 얼마나 되었나요?

30년 정도 됐어요. 원래는 아파트에 살았는데, 애들 셋이 뛰어놀기도 비좁고, 단조로운 생활에서 벗어나 정서적으로 좋은 환경에서 키우고 싶어서 이 집을 샀어요. 제가 그림을 그리는데, 작업실로 사용하기에도 좋을 것 같았고요. 실제로 그림을 그리다가 잘 안 풀리고 지칠 때 정원으로 나가 산책을 한번 하고 나면 에너지가 생기고 아이디어도 떠오르더라고요. 그래서 이 정원 이름을 '화가의 정원 산책'이라고 지었어요. 저희 정원이 있는 장학마을은 하늘에서 보면 학 형상이라고 해요. 저희 집은 학의 날개 부분인데, 이곳에 원래 당산나무가 심겨 있었어요. 그래서 그 나무를 보존하면서 푸른 나무를 더 심어서 마을 모양을 그대로 유지할 수 있게 고심했어요.

**희영** 그대로 보존하려는 노력이 대단하네요. 입구를 보니까 지나가는 사람들이 쉴 수 있는 공간도 마련했더라고요.

많은 사람이 방문하는 민간정원이라서 입구에는 화가의 정원 산책 지기(이하 정원 지기)가 그린 커다란 정원 지도도 있다. 이제 문을 열고 넓은 정원으로 첫 발걸음을 뗀다. 정원 지기는 단풍이 들기에는 이르고, 꽃이 화사한 봄은 지난 때라며 아쉬워한다. 하지만 이 계절에 아름답다고 느끼는 정원이라면, 정말 아름다운 정원일 것이다.

숲으로 들어가는 '숲 정원'이에요. 오래된 나무들이 많은데, 단풍이 들면 굉장히 아름다워요. 지난주에는 여기에 상사화가 쭉 펴서 정말 예뻤어요.

**희영** 잎에 붉은색 무늬가 있는 이 식물은 이름이 뭐예요? 정원 여기저기에 썼네요.

콜레우스예요. 꽃이 없을 때 꽃을 대신해서 정원에 색을 입히더라고요. 그리고 많은 꽃이 햇빛이 없는 나무 아래에서는 잘 못 사는데, 그런 환경에서도 잘 자라요. 굉장히 오래 가고요. 다만 겨울을 못 나는데, 씨앗이 떨어져서 다음 해에도 계속 올라와요. 줄기를 끊어서 땅에 꽂아놔도 살고요.

**희영** 삽목도 잘 되는, 정말 좋은 정원 재료네요.

콜레우스 위로 나무 세 그루가 보였다. 제법 큰
나무였는데, 이곳에 이사 와서 처음 심은 나무라고
했다. 아이들과 같이 자란 나무인데, 이제는
아이들보다 훨씬 키가 컸다며 정원 지기는 잠시
지난 시간을 회상했다.

중간중간 놓인 쉴 수 있는 테이블과 의자를 지나
조금 더 걸으니 갈림길이 나온다. 왼쪽으로 가면
'화가의 정원'으로, 오른쪽으로 가면 '다랭이
정원'으로 가는 길이다. 정원 지기의 안내에 따라
먼저 왼쪽 '화가의 정원'으로 향했다. 벽돌부터
동그란 돌, 네모난 돌까지 다양한 재료로 만든 길을
밟으며 내려갔다.

**희영** **길을 돌로 만들었어요. 검고 작은 돌들은 화산송이
인가요?**

맞아요. 처음에는 길을 나무로 만들었는데, 미끄러워서
돌을 놨어요.

**희영** **동그란 돌로 만든 길도 예쁜데요. 돌을 각을 맞춰서
놓지 않고, 불규칙하지만 리듬감 있게 놓아서 더 예뻐요. 길
끝에는 사이사이 벽돌도 섞여 있네요.**

어떻게 하면 돈을 덜 쓰고 길을 만들까 고민하다가
쓰고 남은 것들을 가져다가 미끄럽지 않게 만들어본
거예요.

**희영** **모든 가드너의 숙제죠. 돈 안 쓰고 정원 가꾸기!**

길을 따라 내려오니 작업실로 쓰는 건물과 널따란
잔디밭이 있는 '화가의 정원'이 나왔다. 여러
조각상과 안 쓰는 욕조로 만든 화분 등이 정원

쓰고 남은 돌들로 만든 길.

구석구석에 활용되었다. 정원 지기의 예술가다운 대담한 감각이 엿보인다. 한쪽에 있는 커다란 돌 앞에 지피식물이 올망졸망 섞여서 자라는 모습이 사랑스럽다.

**희영  흰색 무늬가 있는 귀여운 잎은 뭔가요? 색이 있는 다른 지피들과 섞이니 더 보기 좋아요.**

이웃이 줘서 심은 무늬긴병꽃풀이에요. 굉장히 잘 번지고, 꽃도 하얗게 피고, 가을에는 단풍도 들어요.

**희영  그 옆에 토끼풀 '아트로푸르푸레움' 일명 '흑엽토끼풀'까지 함께 섞이니까 정말 재미있는 공간이 됐어요.**

아참, 요즘에는 버들잎해바라기 '골든 피라미드'가 한몫해요. 가을 단풍 들기 전, 딱 지금 시기에 피는데, 지금 산 쪽은 흐드러졌어요.

**희영  노란색 꽃이 핀 큰 꽃이 버들잎해바라기군요. 저는 처음 들었어요. 겨울은 나나요?**

네, 다년생이에요.

찾아보니 버들잎해바라기는 전국에서 노지월동이 가능한 꽃이다. 골든 피라미드, 숙근해바라기 등의 이름으로도 알려진 가을꽃으로, 난 이곳에서 처음 봤다. 하지만 그 이후로 점점 인기가 많아져서 요즘은 유명한 플랜트 샵에서도 흔히 볼 수 있게 됐다.

처음 정원을 가꿀 때는 화원을 들락이며 열심히 사다 심었는데, 요즘은 씨앗이 떨어져서 자생으로 올라오는 식물과 다년생 꽃을 주로 봐요. 지금은 식물을 기다리는 여유가 좀 생겼다고 할까요. 정원을 가꾸면서 이곳의 사계를 느끼고 그걸 마음 속에 담아 꽃 그림을 그리고 있어요.

정원 가꾸기는 그림에 색칠하듯 하고, 캔버스에는 정원 가꾸듯 한다는 정원 지기의 인상적인 이야기를 들으며 작업실로 들어가는 길 앞에 섰다.

이 길이 원래는 하나의 넓은 길이었어요. 그런데 제가 꽃을 많이 심고 싶어서 길
중간에 화단을 만들었더니 갈림길처럼 됐어요. 아이들이 어렸을 때는 마당을
넓게 뒀는데, 좀 자라니까 줄여도 되겠더라고요.
**희영 공감합니다. 저희 집도 같은 상황이에요.**
데크 위에서 내려다보면 '화가의 정원'이 한눈에 보여요.

정원 지기를 따라 데크 위로 올라서니 지면보다 꽤 높아 정원이 한눈에 보였다.
데크 뒤에 있는 작업실 통창으로도 정원의 사계가 보인다고 했다.

다른 집이라면 작업실 앞에 있는 '화가의 정원'만 한 시간은 돌았을 텐데,
이곳은 이제 시작이다. '화가의 정원'을 뒤로하고 '다랭이 정원'으로 향한다.
사실 다랭이라는 단어를 나는 이날 처음 들었다. 정원 지기와 이야기를 나누며
대충 언덕에 있는 논을 이야기하는 건가 하고 문맥상 유추했는데, 집에 와서

찾아보니 산비탈에 만든 좁고 긴 계단식 논을 남부지방에서 다랭이 또는
다랑이라고 한단다. 어감이 귀엽다. 다랭이!
'다랭이 정원'은 언덕인 지형을 건드리지 않고, 기존에 있던 나무도 그대로
둔 채 다른 나무를 더 식재해서 만들었다고 한다. 가파른 언덕이 눈앞에
나타났다. 언덕 가운데에는 나무로 만든 곧고 큰 길이 보이고, 오른쪽 옆으로는
곡선으로 된 바닥을 돌로 깐 길이 보인다.

경사가 너무 가팔라서 올라가는 분들이 힘들까 봐 그 옆에 작은 돌길을
만들었어요. 그 길로 돌아가면 좀 편하게 올라갈 수 있을 거예요. 계단을
오르다가 편안하게 평지를 걷다가, 다시 또 계단을 몇 개 올라가고. 처음부터
계단만 계속 올라가면 힘들잖아요.

손님을 위한 배려가 보이는 길이라고 칭찬하자, 정원 지기는 오히려 작은 길을
내면서 화단 가장자리 관리가 쉬워졌다며 겸손하게 답했다. 길을 오르며
설명을 듣고 있는데, 갑자기 강한 향이 코를 자극했다. 나도 모르게 소리를 꽉
지르며 걸음을 멈추니 뱀이 나온 줄 알고 정원 지기가 두리번거렸다.

**희영** **이 향은 금목서 향 아닌가요?**
두 그루 있어요. 꽃이 많이 폈네요.

유명한 명품 향수 원료로 쓰인 향이 들어갔다는 이야기가 있을 만큼, 노란
꽃이 핀 금목서와 흰 꽃이 핀 은목서 모두 비할 데 없이 향이 기가 막혔다.
중부지방에서는 볼 수 없는 나무를, 개화한 때 만나게 되다니 황홀했다.

**희영** **여기가 전체 몇 평인가요?**
정원으로 꾸민 건 3000평 정도 돼요.
**희영** **우와, 어마어마하네요.**

상상도, 가늠도 안 될 만한 크기의 정원이다. '다랭이 정원' 구석에는 하얗고
소박한 꽃들이 여기저기 피어 있다. 원래 도라지와 취나물을 심었던 곳이라
정리를 했는데도, 취나물이 부분부분 남아 이맘때 꽃이 핀다고 한다.
설명을 들으며 함께 계단을 하나씩 걸어 올라가는데 어느덧 양쪽에
버들잎해바라기가 잔뜩 피어 있다. 꽃들은 없는 계절이지만 '내가 있는걸?'
하는 것처럼 노오란 물결이 양쪽으로 가득했다. 이 풍경을 내 눈에 담게
되다니.
이제 정상까지 거의 올라온 것일까. 왼쪽으로는 숲으로 들어가는 길이,
오른쪽으로는 시원하게 뻥 뚫린 전망이 보인다.

왼쪽은 동백숲이에요. 원래 대나무숲이었는데 대나무를 제거하니까 몇백 년 된
동백이 이렇게 자생하고 있더라고요.
**희영** 이렇게 굵고 큰 동백나무는 처음 보는 거 같아요. 제주도에서나 보던 동백나무를
여기에서도 볼 수 있네요. 같은 한국인데도 남부지방은 식물이 전혀 다른 구성이에요.
아무래도 땅도 기온도 차이가 있으니까요. 왼쪽 동백나무가 있는 이 길은
마을회관 쪽으로 이어져 있어서 마을 분들은 마을회관 쪽에서 걸어서 이쪽으로
바로 오실 수 있어요.
**희영** 마을 분들이 이곳을 지름길로 편하게 이용할 수 있다니, 마음을 크게 썼네요.
동네와 위화감 없는 정원을 구성하려고 애썼어요. 원래 있었던 숲이나 산처럼
자연스러운 정원이 저희 집 정원이었으면 해요.

오른쪽 길을 따라 정상을 향해 다시 걷기 시작했다. 곳곳에 정원과 어울리는
벤치와 의자들이 놓여 있었다. 노란 버들잎해바라기 앞에 놓인 민트색 철제
의자가 대비되어 눈에 띈다. 그리고 낮은 흰색 철제 울타리 옆으로 순천
이곳저곳에서 보이던 자주색 잎의 매력적인 식물이 눈에 들어온다.

붉은상록풍년화인데, 봄에 진한 분홍색 꽃이 화려하게 펴요. 이 나무가 굉장히
매력적인 게 겨울에도 잎이 그대로 있어요.

꽃범의꼬리.

**희영** 순천에 오니 길에 이 나무가 많이 보여서 '저 예쁜 나무는 뭘까' 궁금했어요. 그런데 중부지방에서는 월동을 못 하는 식물이었네요. 어쩐지 처음 보는 식물이다 싶었어요.

길을 따라 계속해서 올라가다 보니 이제 거의 정상에 닿은 듯하다. 완만하게 보이는 길을 따라 매끈한 수피의 배롱나무가 쭉 줄지어 있고, 그 아래에는 또 치자나무가 있다. 배롱나무 맞은편에는 빨간 잎이 아름다운 홍가시나무가 자리해 색의 대비를 이룬다.

**희영** 정말 부러움을 숨길 수가 없네요. 치자나무가 노지월동 하는 곳이라니! 저는 개인적으로 여러 꽃 중에 치자꽃이 가장 향기롭다고 생각하거든요.
그렇죠? 저도 치자꽃 향기를 좋아해요. 저쪽 홍가시나무는 몇 번 잘라주면 빨간 잎이 올라와서 좋아요.
**희영** 홍가시나무도 길에서 꽤 보이더라고요. 경기도에서 온 제 눈에는 굉장히 이색적인 식물이에요.

숨을 고르며 걷기가 힘들다 싶을 때 지금까지와 마찬가지로 쉴 수 있는 의자와 테이블이 나타났다. 의자에 앉아 보니 새삼 풍경이 환상적이다. 이만큼 올라온 보람이 있구나!
'경치를 빌린다'라는 뜻의 차경은 정원에 있어서 매우 중요하다. 내 정원의 꾸밈도 중요하지만, 정원에서 보이는 산과 강은 내 정원을 확장시킨다. 그런 의미에서 '화가의 정원 산책' 정상에 앉아서 보는 차경은 그야말로 장관이다.

정원 정상에 앉아 바라보는 풍경.

* * *

따스한 남부지방으로 떠난 정원 탐방은 추운 중부지방의 가드너인 나에게 마치 신비한 앨리스의 나라를 구경하고 온 듯한 기분이 들게 했다. 화가의 머리 속 그림을 따라 정원이라는 캔버스가 채워졌다. 점, 선, 면으로 그림을 완성하듯, 온갖 모양과 색의 식물들이 자리를 잡아갔다. 작은 나무가 3미터가 넘는 나무가 되기까지, 30년이라는 시간의 나이테만큼, 정원은 넓어지고 더 많은 종류의 식물들로 수놓였다. 화가인 정원 지기의 캔버스에는 정원 속 식물들이 그려진다. 그의 정원에도, 그의 캔버스에도 꽃들이 가득하다. 올해 정원 지기의 캔버스에는 어떤 꽃들이 그려지고 있을까.

# 화가의 정원 산책 식물들

| 이름 | 학명 또는 품종명 | 참고 |
| --- | --- | --- |
| **상사화** | *Lycoris squamigera* | 수선화과의 구근식물. 봄에 잎만 돋아나고, 여름이 되면 잎은 말라 사라지면서 늦여름에 꽃만 올라와서 핀다. 이러한 독특한 생육 주기 때문에 '서로 만날 수 없어 그리워한다'라는 이름을 가졌다. 8월쯤 땅에서 올라온 꽃대 끝에 연핑크의 꽃이 피는데, 무리 지어 심으면 더욱 보기 좋다. |
| **콜레우스** | *Plectranthus scutellarioides* | 한해살이 식물로, 잎의 무늬와 색이 꽃보다 화려하다. |
| **무늬긴병꽃풀** | *Glechoma hederacea* 'Variegata' | '호랑이풀'로 알려진 병풀의 한 종류. 잎에 흰색 무늬가 있다. 땅 위로 낮게 기어가며 크는 식물로, 생명력이 좋고 잘 퍼진다. |
| **토끼풀 '아트로푸르푸레움'** | *Trifolium repens* 'Atropurpureum' | 잎은 와인빛에 자주색 무늬가 있고, 꽃 또한 와인색으로 피는 매력적인 식물이다. |
| **버들잎해바라기 '골든 피라미드'** | *Helianthus salicifolius* 'Golden Pyramid' | 국화과. 1.5~2미터로 키가 크고, 늦여름부터 가을까지 작은 해바라기 모양의 꽃이 핀다. 추위에도 강하고 생명력도 좋아 꽃이 부족한 가을 정원에 심기를 추천한다. |
| **금목서** | *Osmanthus fragrans* var. *aurantiacus* | 우리나라 남부지방에서만 크는 나무로, 가을에 피는 금빛을 띤 주황색 꽃의 향이 굉장히 좋아서 향수와 디퓨저에도 사용된다. |
| **은목서** | *Osmanthus* × *fortunei* | 금목서 꽃과 비슷한 향이 나지만, 흰색 꽃이 핀다. |
| **참취** | *Aster scaber* | 우리나라 야생에서 자주 볼 수 있는 나물 종류로, 가을엔 쑥부쟁이 닮은 흰색 꽃이 핀다. |
| **동백나무** | *Camellia japonica* | 우리나라 남부지방에서 볼 수 있다. 두껍고 반질반질한 잎이 특징이며, 늦가을부터 겨울까지 피는 동백꽃은 추운 계절에 정원에 생동감을 준다. |

| 이름 | 학명 또는 품종명 | 참고 |
| --- | --- | --- |
| **붉은상록풍년화** | *Loropetalum chinense* var. *rubrum* | 봄에 가늘고 긴 모양의 진한 분홍색 꽃이 핀다. 잎은 사계절 내내 지지 않는다. 남부지방에서는 노지월동이 가능하다. |
| **배롱나무** | *Lagerstroemia indica* | 여름에 가득 핀 꽃이 100일 동안 간다고 해서 '백일홍' 또는 '목백일홍'으로도 불린다. 나무 껍질이 매끄럽고 부분부분 흰색을 띠는 게 특징이다. 추위에 약한 편이라 중부지방에서 겨울을 나려면 보온이 필요하다. |
| **치자나무** | *Gardenia jasminoides* | 남부지방에서만 노지월동 가능한 꽃나무. 흰색 꽃에서 환상적인 향이 난다. |
| **홍가시나무** | *Photinia glabra* | 봄에 새잎이 날 때, 불꽃 같은 붉은색을 띤다. 상록인 나무라서 조경수나 울타리목으로도 자주 쓴다. |

# 13

# May, spring

2024년 5월 ▶ 서울시 종로구 ▶ 대지 140평 ▶

# 그루atHOME

우리나라는 도시에 사람들이 몰려 있고, 도시에 사는 사람들은 대부분 아파트에서 산다. 그래서 그동안의 촬영지 중 서울은 없었다. 어렸을 때부터 나는 동식물을 좋아했고, 아파트에 살면서도 야외 공간이 한 평만 있었으면 좋겠다고 생각했다. 맘 놓고 사포질할 공간, 눈이 오면 바로 눈을 맞을 수 있는 공간, 편하게 이불을 털 수 있는 공간 없이 산다는 게 답답했다. 만약 양평 우리 집 같은 마당을 서울에서도 누릴 수 있었다면 나는 어떤 선택을 했을까? 플로리스트로 오랫동안 일하다가 가든 디자이너를 하고 있는 그루atHOME(이하 그루앳홈) 소현 씨의 정원에서 '만약'을 가정해본다.

# 그루앳홈 평면도

큰개기장 '스쿠아'
가우라
아이비
히어리
흰말채나무
서양측백
온실
단풍나무
스마라크트
사철나무
칠자화
진달래
사철나무
라일락
미드윈터파이어
미드윈터파이어
층꽃나무
금송
별정향풀
건천
물싸리
흰말채나무
아로니아
호스타
흰말채나무 '시비리카'
미드윈터파이어
단풍나무
나무수국
셀릭소
살구나무
무늬아준가
겐페이
나무수국
노르드만전나무
부들레야
꽃댕강나무
칠자화
무늬빈카
겐페이
화살나무
라일락
떡갈잎수국
화살나무
팥꽃나무
나무수국
까치밥나무
좀목형
말채나무
칠자화
매발톱
연잎꿩의다리
단풍나무
비비추
실목련
실목련
무궁화
진달래
좀목형
계단
금송
측백나무
노각나무
삼지구엽초
등대꽃
로즈마리
라일락
히어리
블루베리
블루 아이스
미산난홍
흰가문비 '코니카'
레몬버베나
테라스
감둥사초, 서양톱풀, 백합, 아이비 등
집

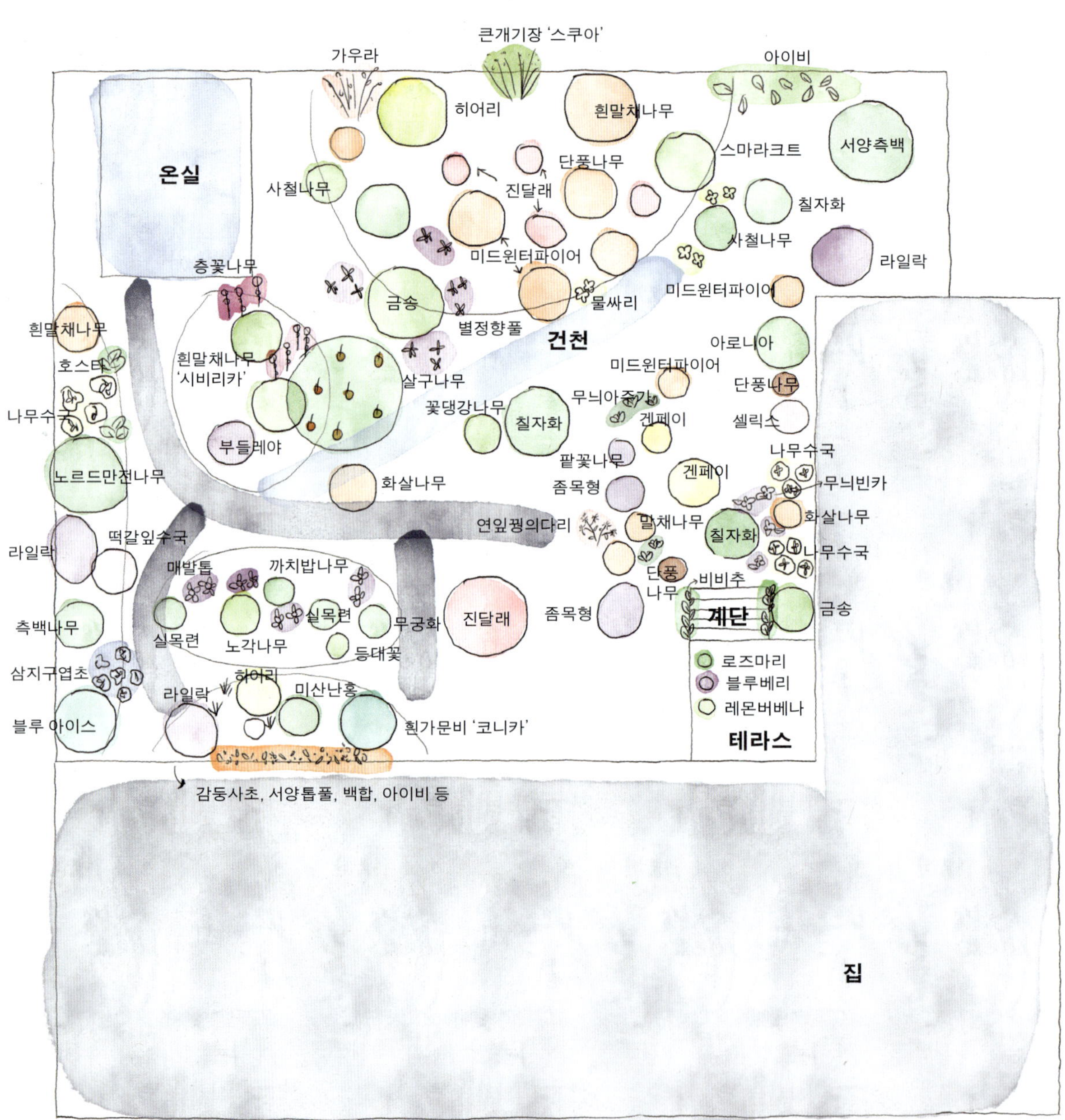

겨울이 되면 집 안으로 들이는 테라스 식물들.

**희영** 서울에 있는 정원이 나온 건 처음이에요. 먼저 어떤 일을 하는지 소개를 해줄 수 있을까요?

지금은 가든 디자이너로 일하고 있는 박소현입니다. 원래 플로리스트 일을 10년 넘게 했어요. 그러다가 힘들고 지쳐서 쉬는 시간을 가졌는데, 그때 가든 디자인을 배우기 시작했어요. '오경아 정원학교'에서 가드닝의 기초부터 전문가 과정까지 오랫동안 배웠어요. 그런데 이쪽 공부가 끝이 없더라고요. 훌륭한 선생님들이 강의하신다고 하면 제주도는 물론이고 다른 지역까지 찾아가서 듣고 그랬어요.

**희영** 가든 디자인과 조경은 다른 건가요?

쉽고 간략하게 말하면, 조경은 공적인 영역을 디자인하는 것이고, 가든 디자인은 사적인 공간을 디자인하는 것이에요.

**희영** 그러면 지금 주로 어떤 일을 하고 있나요?

개인 주택이나 카페의 가든 디자인을 의뢰받아 일하고 있어요.

**희영** 가든 디자이너 일이 큰 즐거움이라고 한 적이 있는데요.

예전에 플로리스트였을 때는 절화로 작업하니까 주로 실내 공간에 알맞는 크기로 상품을 완성하고, 작업 공간도 실내였어요. 그러다 보니 한계가 느껴지더라고요. 반면에 지금은 대부분 외부에서 작업하다 보니 얼굴이 까맣게 타는데도 너무너무 재미있는 거예요. 일의 영역도 더 넓어졌고 공부할 것도 많아졌고요. 원래 공부 체질은 아닌데 이쪽 공부는 다행히 재밌더라고요. (웃음)

**희영** 맞아요. 좋아하는 분야를 공부할 때는 또 다르죠. 그루앳홈은 정원 크기가 어떻게 되죠?

35평 정도 되는 거 같아요. 경사가 있는 동네라서 정원은 층으로 따지면 2층과 연결되어 있어요.

> 정원으로 이어진 2층 테라스부터 같이 둘러보기 시작했다. 테라스에는 편안한 야외 의자 두 개와 화분들이 놓여 있다. 비 올 때 앉아 있으면 좋다는 공간에서는 정원과 북악정이 한눈에 보인다.

테라스는 주로 월동을 못 하는 식물들 차지예요. 겨울이면 집 안으로 들였다가

봄이 되면 테라스로 다시 내보내죠. 블루베리는 산성토에 심어야 하는 거라 큰
회색 화분에 심었어요. 월동하는 식물이지만, 볕이 제일 잘 드는 자리라서 여기에
뒀고요. 빨리 자라는 편이라 가지치기를 자주 해줘야 안쪽까지 햇볕이 들어서
열매가 잘 익어요. 7~8년 됐는데 매년 열매가 제법 맺혀요.

**희영** **제가 본 블루베리 중 가장 세련된 석재 화분에 심겼네요. 반대쪽에는 허브 화분도
꽤 있어요. 이건 레몬버베나인가요?**

네. 저는 레몬버베나 향이 제일 좋더라고요. 레몬버베나는 잎을 따서 물에
냉침해서 마시고, 그 옆에 로즈마리는 닭 요리할 때마다 뜯어서 쓰고 있어요.

레몬버베나 옆 로즈마리가 마치 분재처럼 보여서 의도한 것인지 물었더니,
겨울에 집 안으로 들였는데, 햇볕이 약해 웃자라고 덩치가 커져서 분재
느낌으로 슡을 쳤다고 한다. 눈치챘겠지만 그루앳홈 지기도 가지치기를
좋아하고, 가지치기의 중요성을 이야기하는 편이다. 화분에 있는 식물이든
마당에 있는 식물이든 가지치기를 거쳐 단정한 모습들이었다.

**희영** **블루베리가 또 있네요?**

블루베리가 아니라 은방울꽃이에요. 잎이 회색빛이라 매력적인데, 겨울에
노지월동이 안 돼서 집 안에 들였다가 다시 내놨어요.

**희영** **잎이랑 흰 꽃이 비슷해서 블루베리인 줄 알았어요. 그러고 보니 잎이 약간
유칼립투스 색 같기도 하네요.**

테라스에 있는 화분을 함께 둘러보고 정원으로 내려가는 계단에 서서 이
정원의 첫 모습에 관한 이야기를 나눴다. 공사를 해서 집과 정원을 많이
바꾸었고, 오래된 집들이 그렇듯 이 집에도 큰 나무가 있었다고 한다.

저희 집은 정원을 통해 집을 들어가는 구조가 아니라 집을 통해 정원으로
들어오는 구조잖아요. 오픈된 정원이 아니라 나만 들어갈 수 있는 이 구조가
무척 마음에 들었어요. 처음 이사왔을 때 정원에는 큰 살구나무 두 그루와

주목만 있었는데, 나무가 너무 커서 남편이 직접 올라가서 잘라야 했어요.

많은 초보 가드너가 작은 정원에 대추나무, 감나무, 모과나무 같은 과실수를
심었다가 결국 베고는 한다. 그렇지 않는 경우에는 낙과로 인해 바닥이
지저분해지고 벌레가 꼬이다 보니 정원 자체를 포기하기도 한다. 그러므로 정원
관리 경험이 없다면, 과실수는 피하는 것이 좋다. 꼭 과실수를 심고 싶다면
화분에 블루베리를 심어보길 추천한다.

가끔 정원주들을 만나서 얘기해보면 가지를 치면 식물이 아프거나 잘못될까 봐
주저하는 분도 꽤 있어요.

**희영** 뭔가 생명을 자르는 느낌이라 미안해서 못 자르겠다고 하는 분들도 있더라고요.
그러면 상추는 어떻게 드시는 건가요?

그의 얘기에 웃음이 터졌다. 그러고 보니 상추를 뜯는 건 죄책감이 전혀 안
드는데, 가지를 칠 때 나무에게 미안한 마음이 드는 건 덩치 차이 때문인가
싶다. 하지만 가지치기는 식물을 더 건강하게 만들기 위해서 하는 것이니
머리카락을 자른다고 생각하면 쉽지 않을까.

**희영** 그러고 보니 이곳은 잔디가 없는 정원이네요.
저는 잔디를 싫어해요. 잔디는 비 오고 나면 쑥쑥 자라고, 영양제도 줘야 하고,
관리가 쉽지 않잖아요. 원래 이 정원에는 지금처럼 길이 없고, 마사 같은 흙이
깔린 채 벽을 따라 'ㄱ' 자 모양으로 영산홍만 쭉 심겨 있었어요. 그런데 정원은
길이란 게 중요하잖아요. 저희는 집을 통과해서 정원에 들어가는 구조니까,
정원을 통과해 집으로 들어가는 일반적인 곳들과 달리 길이 꼭 필요한 건
아니었어요. 하지만 길이 없으니 디자인하기 쉽지 않아서 만들었어요. 길은
목적지가 있어야 하니까 마침 창고도 필요하고 해서 온실을 만들어 목적지로
삼았고요. 이렇게 길을 만드니 화단도 자연스럽게 생겼어요.

**희영** 우리나라 정원 공식이잖아요. 소나무와 그 아래 영산홍.

정원에 길을 내니 화단이 자연스럽게 생겼다.

그게 이유가 있더라고요. 우리나라 토양이 대부분 약산성이라 진달래, 영산홍,
소나무가 잘 자라거든요. 그래서 이 집도 그렇게 심은 것 같아요. 그런데 제
입장에서는 영산홍이 너무 많아서 뽑을 건 뽑았죠. 그러고 나니 집수정 쪽으로
물매◆가 있고, 높낮이가 있는 자연스러운 정원 땅이 드러나더라고요. 그때
돌들도 보였고요. 그래서 건천◆◆도 만들고 돌들도 연결했어요. 다만 집을 통해서
들어오는 정원이라 기계가 못 들어오니 사람이 옮길 수 있는 작은 돌들을
이용했어요. 그렇게 가지치기 정도만 하고 손이 많아 가지 않아도 되는 정원으로
만들어가는 중이에요.

**희영** 돌 아래 방초포 같은 것은 깔았나요?

아니요. 저는 그걸 안 했어요. 저기 앉아서 잡초 뽑고 있으면 상당히 기분이
좋아요. 굵은 마사라 잡초가 올라와도 잘 보이거든요.

드디어 내려가보는 정원. 돌로 만든 네 단의 계단 양옆으로 비비추와
자주달개비가 한창이다. 계단을 내려가면 오른편에 건물이 있고, 그 앞에
단풍나무, 개키버들(셀릭스), 국수나무 등과 함께 휴케라 같은 키 작은 식물들이
배치돼 있다. 계단 오른편 유리창 앞 금송 아래에는 잎만 있어도 꽃 같은
무늬아주가가 있다. 연잎꿩의다리, 매발톱꽃도 한창이다.


**희영** 셀릭스 오른편에 꽃이 핀 나무는 뭐예요?

칠자화예요. 꽃이 두 번 핀다고 하는데, 사실 두번째 꽃이 졌어요. 그러고 나서
꽃받침이 남는데, 그 꽃받침이 붉어서 꽃처럼 보이는 거예요. 이것도 향이 참
좋아요. 얼마 전에 칠자화도 엄청 순지르기◆◆◆ 했어요.


◆ 수평이 아닌 경사진 상태를 의미하는 건축 용어. 배수를 잘 되게 하거나 물이 넘치지 않도록 하
는 데 목적이 있다.

◆◆ 실제로 물이 흐르지는 않으나 개울의 모습으로 만든 곳.

◆◆◆ 식물 줄기의 끝을 가볍게 자르는 걸 말한다. 줄기 끝을 제거함으로써 옆 가지의 생장을 유도하
고 결과적으로 식물이 더 풍성한 수형을 갖게 한다. 더 적극적인 자르기인 '적심(摘心)'은 가위 등을
이용해 줄기의 생장점을 자르는 걸 말한다. 많은 초화들은 적심을 통해 더 풍성한 개화와 쓰러지지
않는 단단한 줄기를 유도할 수 있다.

계단 양옆에 심은 비비추와 자주닭개비.

정원에는 익숙한 식물과 낯선 식물이 섞여 있다. 자주받침꽃 같은 소관목, 이삭꼬리풀, 큰꿩의비름, 팬지, 블루페스큐(은사초), 무늬빈카 등이 어우러져 있다. 집 앞 화단을 구경한 후 온실 오른편에 있는 작은 언덕 화단을 둘러보기 시작했다. 꽤 높은 지형으로 형성되어 펜스티몬, 바람꽃, 별정향풀 등 가벼운 느낌으로 식재했다고 한다.

펜스티몬 아래에 낮게 자라는 식물은 제가 좋아하는 물싸리예요. 연노란색 꽃이 피어요.

**희영 제가 물싸리를 한 번 죽인 경험이 있는데, 혹시 햇빛이 강한 곳에서는 잘 못 자라나요?**

잎 색깔로 봐서는 양지에서 잘 자랄 거 같아요. 잎이 두껍고 약간 회색빛이 돌고 털이 있는 애들은 햇빛에 강하더라고요.

**희영 정원을 둘러보니 우리나라 야생화들도 꽤 있는 거 같아요.**

제가 처음에는 희귀종인 우리나라 야생화도 심었는데, 원래 자리에 있는 게 좋은 거 같아요. 굳이 비싼 돈을 주고 사와서 그 식물에 맞는 환경을 만들어주기 위해 계속 신경 쓰는 게 쉽지 않더라고요. 그냥 키우기 편한 것들을 심는 게 오래오래 정원을 돌보며 즐기는 길일 거 같아요.

자연스럽게 담장 쪽으로 걸어나왔다. 담장 아래에도 반양지에서 잘 크는 산수국이나 휴케라 등 식물들이 자연스럽게 식재되어 있다. 온실은 아직 정리 중이라 자세한 이야기를 나누지는 못했지만, 유리 온실의 장점과 단점에 대해 분명한 이야기를 나눌 수 있었다. 여름에는 햇빛 차단, 겨울에는 난방비 조심.

정원을 가꿀 때 식물 하나하나 세세하게 돌보는 것도 물론 중요하지만, 저는 정원을 전체적으로 보며 지향점을 생각하는 게 중요하다고 봐요. 무엇보다 정원이 편안해 보이는 것에 주안점을 두고 있거든요.

* * *

정원은 정원주의 취향 집합체다. 정원주가 좋아하는 느낌의 나무, 꽃의 형태, 색이 모여서 전체를 이룬다. 그런 의미에서 그루앳홈 지기의 정원은 다른 정원과 구분되는 사적이고 편안한 개성이 녹아 있어서 좋았다. 무엇보다 '정원은 길이란 게 중요'하다는 말이 머리에서 떠나지 않았다. 이 말에 사로잡힌 나는 '정원에 길 내고 싶어 병'에 걸렸고, 결국 두 달 후 오랫동안 소망하던 정원에 '벽돌 길 깔기'를 실행에 옮겼다. 정원에 길이 생기니 전체적으로 정리된 느낌이라 얼마나 만족스럽던지. 자신의 취향을 정확히 알고, 정원의 숨은 매력을 기어코 찾아내는 그루앳홈 지기가 디자인할 다음 정원들은 어떤 모습일지 기대된다.

# 그루앳홈 식물들

| 이름 | 학명 또는 품종명 | 참고 |
| --- | --- | --- |
| 블루베리 | *Vaccinium corymbosum* | 203쪽 참고. |
| 레몬버베나 | *Aloysia citrodora* | 53쪽 참고. |
| 로즈마리 | *Rosmarinus officinalis* | 72쪽 참고. |
| 소나무 | *Pinus densiflora* | 우리나라 조경에서 예로부터 즐겨 쓰는 상록침엽수로, 건조한 지역에서도 잘 자란다. 주변 토양을 산성으로 만들어 다른 식물이 자라기 어렵게 하지만, 진달래, 고사리, 맥문동 등은 잘 자란다. |
| 영산홍 | *Rhododendron indicum* | '소나무 아래 영산홍'이라는 오래된 조경 공식으로 인해 우리나라 조경에서 흔히 볼 수 있는 나무다. 봄이면 선명한 화려한 자색 꽃이 핀다. |
| 비비추 | *Hosta longipes* | 추위에 강하고 생명력이 강해 우리나라 정원에서 흔히 키우는 식물이다. 다만 생명력이 강해 없애기 어렵다. 반그늘 또는 그늘에서 잘 자라는 식물로 여름이면 긴 꽃대 끝 연한 보라색 꽃이 핀다. |
| 자주달개비 | *Tradescantia ohiensis* | 6~8월에 보라색 꽃이 피는 기르기 쉽고, 생명력이 강한 다년생 식물. 하지만 생명력이 너무 강해 없애기 어려운 식물이니 신중하게 심어야 한다. |
| 개키버들 '하쿠로니시키' (셀릭스) | *Salix integra* 'Hakuro-Nishiki' | 113쪽 참고. |
| 국수나무 | *Neillia incisa* | 줄기 속이 굵고 하얘서 국수가락처럼 보인다고 하여 붙은 이름. 1~2미터로 자라며 5~6월경 꽃이 핀다. 싹을 틔우는 힘(맹아력)과 생명력이 좋아 척박한 환경에서도 잘 자란다. 요즘엔 다양한 원예 품종이 인기다. |
| 연잎꿩의다리 | *Thalictrum coreanum* | 설악산 같은 높은 산속에서 볼 수 있는 식물. 연잎을 닮은 둥근 잎을 가지고 있으며 늦봄에 솜털 같은 꽃이 핀다. |
| 매발톱 | *Aquilegia buergeriana* | 매의 발톱을 닮은 꽃이 아름다운 야생화로, 모양과 색이 다양하다. 꽃은 봄에 핀다. |

| 이름 | 학명 또는 품종명 | 참고 |
| --- | --- | --- |
| **칠자화** | *Heptacodium miconioides* | 자스민 향이 나는 크림색 꽃이 8월에 피는데, 이 꽃이 지고 나면 꽃받침이 붉은빛으로 변해 마치 꽃처럼 보인다. 겨울에는 옅은 황갈색의 수피가 얇게 벗겨져 매력적인 무늬를 볼 수 있다. |
| **자주받침꽃** | *Calycanthus floridus var. glaucus* | 굉장히 달콤한 향기가 난다. 5~6월에 자주색 꽃잎과 꽃받침이 구분하기 어렵게 핀다. |
| **이삭꼬리풀** | *Veronica spicata* | 221쪽 참고. |
| **큰꿩의비름** | *Hylotelephium spectabile* | 180쪽 참고. |
| **팬지** | *Viola × wittrockiana* | 90쪽 참고. |
| **블루페스큐(은사초)** | *Festuca glauca* | 89쪽 참고. |
| **무늬빈카** | *Vinca minor* 'Argenteovariegata' | 그늘 또는 반그늘에서 자라는 포복성식물이다. 잎에 흰색 무늬가 있고, 봄이면 바람개비 같은 보라색 꽃이 핀다. |
| **펜스테몬** | *Penstemon* spp. | 33쪽 참고. |
| **바람꽃** | *Anemone crinita* | 2~4월에 흰 꽃이 피는 미나리아재빗과 식물로, 바람에 흔들릴 때 매력적이다. 여러해살이풀이다. |
| **별정향풀** | *Amsonia tabernaemontana* | 90쪽 참고. |
| **물싸리** | *Dasiphora fruticosa* | 이름과 달리 싸리나무와는 전혀 다른 종류의 식물이다. 백두산 등 고산지대에서 자생하는 우리나라 고유종으로 키는 30센티미터 정도로 자란다. 늦봄부터 샛노란 꽃잎 다섯 장이 핀다. |
| **산수국** | *Hydrangea serrata* | 180쪽 참고. |

# 14

# May, spring

2024년 5월 ▶ 경기도 평택시 ▶ 대지 150평

# 여니가든

## 청출어람의 장미 정원

영어교사였던 여니가든 지기는 퇴직 후 아름다운 빨간 벽돌집을 짓고, 정원에는 40종이 넘는 장미를 가득 심었다. '스위트 하니'라 불리는 남편은 멋들어진 온실뿐 아니라 장미 거치대, 분갈이 테이블 등 그의 요청이라면 무엇이든 만들어주었다. 3년이라는 짧은 기간에 어떻게 이렇게 훌륭하게 정원을 가꿨는지 묻자, '모두 희영 씨 유튜브에서 배웠다'라고 겸손하게 말하는 여니가든 지기. 가히 청출어람의 정원이 아닐 수 없다.

# 어니가든 평면도

대문
집
장미 '플로렌티나'
블루애로우
잉글리시라벤더
온실
선룸
장미 '라리사'
장미 '헤르초긴 크리스티아나'
연장정리대
장미 '밧세바'
스마라크트
장미 '제임스 갤웨이' 화분
장미 '레이디 오브 샬럿'
장미 '스트로베리 힐'
중국단풍
다루마 수국
장미 '에마뉘엘'
장미 '스칼렛 메이디랜드'
장미 '올리비아 로즈 오스틴'

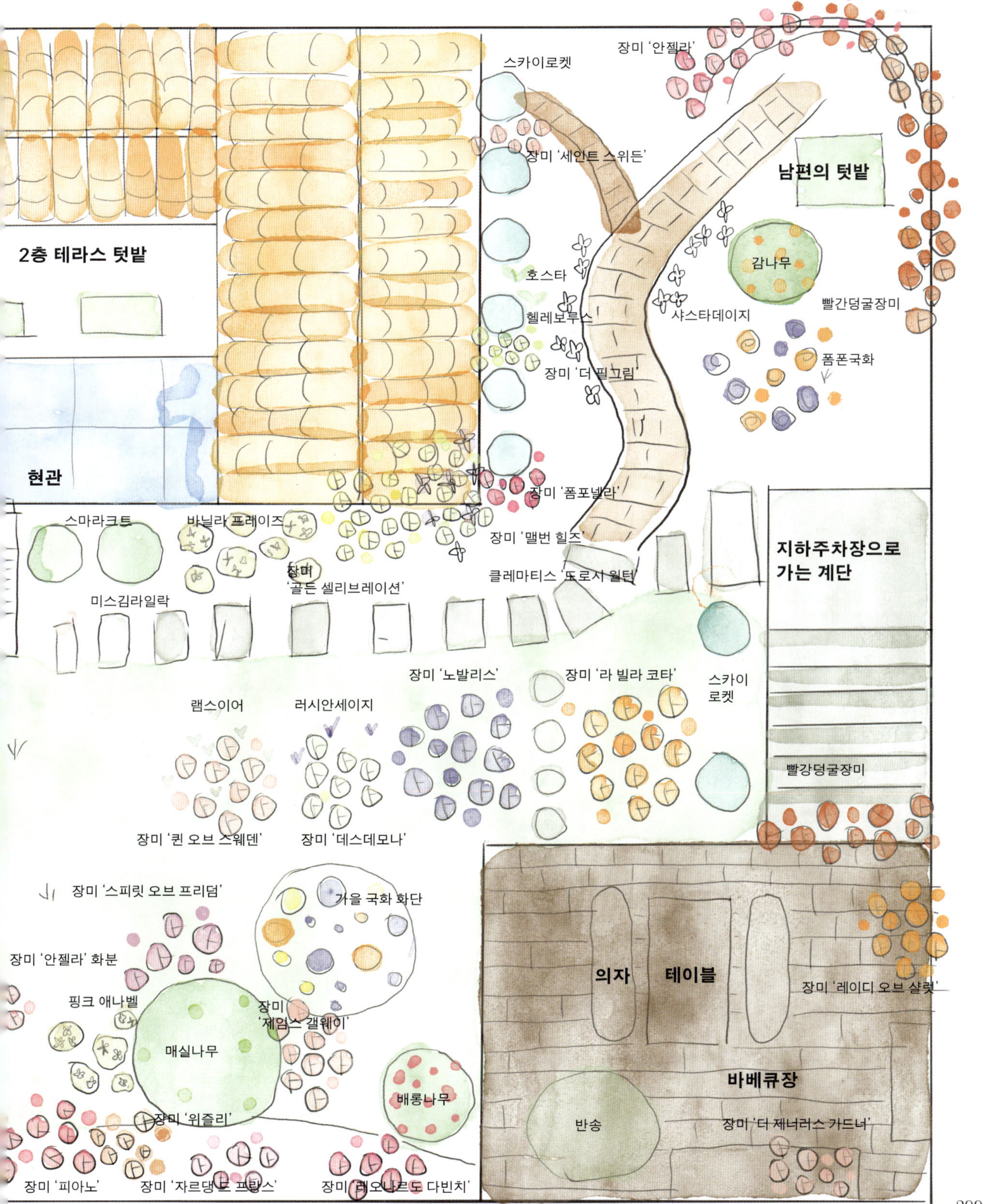
2층 테라스 텃밭
현관
스카이로켓
장미 '안젤라'
장미 '세인트 스위든'
남편의 텃밭
호스타
감나무
헬레보루스
샤스타데이지
빨간덩굴장미
장미 '더 필그림'
폼폰국화
스마라크트
바닐라 프레이즈
장미 '폼포넬라'
장미 '맬번 힐즈'
장미 '골든 셀리브레이션'
미스김라일락
클레마티스 '도로시 월턴'
지하주차장으로
가는 계단
장미 '노발리스'
장미 '라 빌라 코타'
스카이로켓
램스이어
러시안세이지
빨강덩굴장미
장미 '퀸 오브 스웨덴'
장미 '데스데모나'
장미 '스피릿 오브 프리덤'
가을 국화 화단
장미 '안젤라' 화분
핑크 애나벨
장미 '제임스 갤웨이'
의자
테이블
장미 '레이디 오브 샬럿'
매실나무
배롱나무
바베큐장
장미 '위즐리'
반송
장미 '더 제너러스 가드너'
장미 '피아노'
장미 '자르댕 드 프랑스'
장미 '레오나르도 다빈치'

**희영**  와, 정원에 들어서니 장미가 엄청나게 피어 있어요! 제가 좋은 계절에 잘 찾아온 거 같네요.

멀리 오느라 고생하셨어요.

**희영**  아닙니다. '여니가든'을 상상하며 즐겁게 왔어요. 성함을 따서 이름을 지었다고 들었어요. 이 정원은 가꾼 지 얼마나 되었나요?

집을 짓고 바로 직접 가꾸기 시작해서, 만 3년 됐어요.

**희영**  3년 된 정원이라고는 믿기 어려울 정도로 장미들이 모두 풍성하고 아름다워요. 이 정원의 주인공은 장미인 거죠?

제가 장미를 무척 좋아해요. 지금 대략 40종 이상 키우고 있는 거 같아요.

**희영**  어떻게 이렇게 짧은 시간 안에 장미를 잘 키우게 된 거예요? 혹시 장미 잘 키우는 팁이 있으면 알려주세요.

저는 우리 희영 씨 유튜브나 인스타를 보고 따라서 열심히 공부했거든요. 희영 씨가 제 선생님이라, 선생님 앞에서 알려드릴 특별한 팁은 없어요.

편하게 해주려는 배려가 어찌나 부끄럽고 감사하던지, 더 잘해야겠다는 다짐을 하게 된다. 이 집에 가득 핀 장미만큼 온실도 눈길을 사로잡는다.

**희영**  SNS를 보니 남편분 애칭이 '스위트 하니'더라고요. 그 '스위트 하니'가 온실을 만들어준 거죠?

제가 원하는 디자인을 남편에게 얘기했고, 남편이 직접 설계도를 그려서 스틸로 만들었어요. 완성되는 데는 한 달쯤 걸렸고요.

온실 프레임은 흰색 스틸로 되어 있었고, 바닥은 돌로 된 타일이 깔려 있었다. 식물에 물도 주고 물청소도 해야 하니 물이 빠져나갈 수 있도록 바닥 처리를 했다고. 온실은 어린 식물의 육묘장으로 쓰거나 수국을 화분에 옮겨 심은 뒤 겨울을 나는 데 활용했다고 한다.

**희영**  겨울을 나는 동안 온실에 난방을 했나요?

무거운 온실도 수국이 겨울을 나는 데 도움이 된다.

아니요. 무가온 온실이라 난방은 전혀 못 하고 바람만 막아준 셈이죠.

**희영** 그러면 수국이 온실에서 겨울을 나는 동안 물 관리는 어떻게 했어요?

아주 따뜻한 날 흙이 바짝 말랐을 때만 한 번씩 주고 거의 마른 가지로 온실 안에서 겨울을 나게 했어요.

**희영** 따뜻한 남부지방이 아니면 수국꽃을 피우는 게 쉬운 일이 아니군요. 온실이 있다면 이 방법도 다른 가드너들에게 도움되는 팁이겠어요.

주차장에 있는 온실에서 나오니 바로 옆으로 가드닝 도구가 가지런히 정리된 귀여운 지붕의 연장정리대가 보인다. 그 앞으론 커다란 테이블도 자리하고 있다.

예전에 희영 씨 남편이 정원 퍼걸러 벽에 가드닝 도구를 정리할 수 있는 공간을 만들어준 걸 봤어요. 그걸 보니 너무 부러운 거예요. 그래서 제 스타일로 남편에게 의뢰하면서, 여기는 비가 들이치니까 지붕까지 해 달라고 했더니 스패니시 기와로 지붕을 올려주더라고요. 정말 마음에 들었어요.

**희영** 저희 집보다 연장정리대의 상위 버전인걸요! 졌다 졌어!

온실이 있는 주차장에서 걸어 나오니 드디어 정원이 눈에 담긴다. 집에서 정원을 바라봤을 때 오른쪽에 위치한 서쪽 정원. 이곳에서는 옆집과 마주하고 있는 벽 앞으로 밧세바, 레이디 오브 샬럿, 제임스 갤웨이, 스트로베리 힐 등 키가 큰 분홍, 주황, 흰색의 장미들이 벽을 가득 메울 정도로 흐드러지게 피었다.

**희영** 저는 제임스 갤웨이를 화분에 키우는 거 처음 봤어요. 근데 아주 잘 키웠네요.

자리가 없어서요. (웃음) 제임스 갤웨이는 꽃잎이 프릴처럼 사랑스러워요. 수세도 좋고 병충해에도 강해요. 그리고 겨울도 잘 나고요. 게다가 연속개화성도 좋고 꽃도 오래가더라고요.

**희영** 뭐 하나 빠지는 게 없는 장미군요. 사실 저는 제임스 갤웨이가 예쁘다고 생각해본 적이 없는데, 오늘 화분에 키우는 걸 보고 생각이 바뀌었어요. 무엇보다 개인적으로

자리가 없어서 화분에 심은 장미 '제임스 갤웨이'.

**열과 각을 맞춰 인위적으로 키우는 걸 선호하지 않았는데, 서쪽 화단 장미들은
단정하면서도 전체적으로 참 잘 어우러지게 식재됐어요.**

집과 붙어 있는 선룸 앞에도 장미들이 참 탐스럽게, 그야말로 주렁주렁 달려
있다. 집과 마주하고 있는 이 집에서 가장 넓은 남쪽 정원. 중간중간 나무도
보이지만, 이곳도 역시 장미가 주인공이다. 올리비아 로즈 오스틴부터 스칼렛
메이디랜드, 해피 피아노까지 15종쯤 되는 듯하다.

**희영** **남쪽 정원 제일 오른쪽 올리비아 로즈 오스틴 옆에 약간 크림색을 띠는 장미는
이름이 뭔가요?**

에마뉘엘이에요. 얼굴도 크고, 꽃도 오래 가고, 색의 변화도 다채로워요.
봉오리였을 때는 연한 핑크빛이었다가 중간 정도 개화하면 가운데가 노란빛이
되었다가 만개하면 흰색이 돼요.

**희영** **에마뉘엘을 실제로 보는 건 처음인데, 꽃이 대단히 크고 탐스럽네요. 누가 봐도
데이비드 오스틴 장미 같아요.**

아마 저희 집 장미의 80~90퍼센트가 영국 데이비드 오스틴 장미일 거예요.

**희영** **매실나무 아래에서 자라는 장미는 제임스 갤웨이죠? 아니 무슨 장미가 그늘에서
이렇게 잘 자라요? 제가 본 제임스 갤웨이 중에 제일 크고 예뻐요. 보통 장미는 직광을
받으며 커야 잘 큰다고 해서 나무 아래에서는 잘 안 키우잖아요.**

짧은 시간이나마 해가 드는 자리지만, 그렇다고 해도 장미는 햇빛이 정말
중요한데, 제임스 갤웨이가 워낙 그늘에서도 잘 자라는 편인 거 같아요.
덩굴장미라 키가 아주 크잖아요. 옆에 매실나무가 있으니까 타고 올라가서 제가
짧게 전지하면서 관목처럼 키우고 있어요.

**희영** **나무 옆에서 키울 장미를 찾는다면, 제임스 갤웨이를 여니가든 지기처럼 키우는
것도 좋겠네요.**

남쪽 정원 왼쪽은 벽돌로 바닥을 마감하고 테이블과 벤치를 두었다. 장미를
보며 커피를 마시기 딱 좋은 자리다. 화단이 없어 이곳엔 장미가 없겠지

라고 생각한다면 여니가든 지기를 몰라서 하는 말. 이곳에도 화분에 장미가
가득했다.

혹시 화분에 있는 베이비핑크색의 작은 장미 이름을 아시겠어요? 제가 정말
좋아하는 장미예요.
**희영  음, 처음 보는 장미인데요?**
더 제너러스 가드너라고, 어느 영국인 SNS에서 봤는데, 아치에 올린 모습에
반해서 키우게 됐어요.
**희영  더 제너러스 가드너 미모가 상당하네요. 얼굴도 엄청나게 크고요. 만개하기 전**
**모습은 수련 같은 느낌도 있어요.**

빨간 벽돌집 외벽을 타고 탐스럽게 핀 옅은 노란색 장미 맬번 힐즈와 보라색

클레마티스인 도로시 윌턴의 조합도 아름다웠다. 이밖에도 정원 곳곳에 메리 로즈, 골든 셀리브레이션, 자르댕 드 프랑스, 레오나르도 다빈치, 라 빌라 코타, 노발리스, 퀸 오브 스웨덴, 헤르초긴 크리스티아나가 활짝 피어 있다. 3년 차 여니가든엔 왜 이렇게 예쁘고 건강한 장미가 많은 것인가!

처음 한 송이가 피었을 때 느꼈다는 벅찬 감동을 여니가든 지기의 생생한 재연으로 들으니 장미에 대한 사랑이 얼마나 큰지 느껴졌다. 나 또한 같은 감동을 느끼며 키우고 있으니 동지애도 생겼다. 정원은 여기서 끝이 아니다. 집 왼쪽으로 동쪽 정원이 꽤 넓게 있다. 멀리 보이는 안젤라와 빨간 장미의 거대한 덩굴이 벌써 기대하게 한다.


**<u>희영</u> 여기는 샤스타데이지 길이네요.**
보통 손님이 이 길로 걸어 들어오거든요. 그래서 바깥에서 들어올 때 환영한다는

의미로 여기에 샤스타데이지 길을 만들었어요.

**희영 스카이로켓 옆은 더 필그림인가요?**
네. 작년에 심어서 아직은 작은 장미인데 벽을 타고
조금씩 올라가고 있어요. 쨍한 노랑도 별로고, 진한
빨강도 싫었는데, 더 필그림은 연한 노랑이라 맘에
들었어요. 스카이로켓 이야기가 나와서 하는 말인데,
한국에서는 키우기가 어려운 거 같아요.
키가 큰 유럽형 나무라서 바람에 약한지 작년에
비바람이 잦으니까 쓰러지더라고요. 제 생각엔
서양측백인 스마라크트(에메랄드그린)가 훨씬
짱짱하게 잘 크는 거 같아요.

**희영 동쪽 정원에도 건물 외벽 따라 장미가 정말 많아요.**
세인트 스위든이랑 안젤라예요. 세인트 스위든은
여기가 해가 잘 안 드는 동향인데도 잘 크더라고요.

장미 이야기를 하다 살짝 돌아보니 작은 텃밭이
눈에 띄었다.

여기가 바로 제가 '스위트 하니'를 위해 할애한
공간이에요.
**희영 이 넓은 정원 중 '스위트 하니' 공간은 이렇게
작군요. 그래도 '스위트 하니'는 텃밭이라도 가졌네요.**
저희 남편은 이제 텃밭도 없어요. (웃음) 그러면 마지막
질문! 이 수많은 장미 중 베스트 장미는 뭔가요?
너무 어려운 질문인데요.
**희영 그러면 질문을 바꿀게요. 처음 장미를 키우는**

**사람에게 추천하고 싶은 장미는?**

장미는 개인적인 취향에 따라 선호가 나뉘어서 예쁜 것으로 추천하기는 어려울 것 같고, 키우기 쉬운 장미, 병충해가 없는 장미가 좋을 것 같아요. 그런 면에서 제임스 갤웨이나 라 빌라 코타를 추천합니다. 그리고 제가 희영 씨한테 배웠던 거. 내 눈에 예쁜 장미, 내가 감수할 수 있는 장미를 키우는 게 좋다는 거!

**희영** 맞아요. 우리는 즐기려고 키우는 거니까, 진딧물이나 흑반 하나 없이 깨끗하게 키울 필요는 없잖아요. 그냥 마음 편히 키우면 좋을 것 같아요.

* * *

종종 내 채널을 통해 가드닝을 시작했다는 감사 인사를 받는다. 나 또한 전문가가 아니기에 그런 인사를 받으면 조심스럽기도 하고 쑥스럽기도 하지만, 결국 드는 마음은 감사함이다. 이제 3년 차인 여니가든은 나의 3년 차 정원보다 훨씬 아름답다. 온갖 장미가 건강하게 피었고, 정원에 어울리는 소품과 필요한 공간이 잘 만들어졌다. 내 정원에서 씨가 날아가 다른 정원에 떨어져 꽃을 피워낸 기분이다. 이미 완성형인 여니가든이 앞으로 어떤 모습이 될지 기대된다.

# 어니가든 식물들

| 이름 | 학명 또는 품종명 | 참고 |
| --- | --- | --- |
| 나무수국 '바닐라 프레이즈' | *Hydrangea paniculata* 'Vanille Fraise' | 프랑스에서 개발된 나무수국이다. 바닐라색으로 핀 꽃이 점점 딸기(프레이즈)색으로 변한다고 해서 붙은 이름이다. 1.5~2미터로 큰다. 어느 정도 꽃이 피면 고개가 쳐진다. 내한성이 좋아 월동도 잘한다. |
| 장미 '밧세바' | *Rosa* 'Bathsheba' | 영국 데이비드 오스틴의 덩굴장미. 얇은 로제트형 꽃이 풍성하게 달린다. 강한 몰약 향도 황홀하지만, 무엇보다 색상의 변화가 재밌다. 시기별로 아이보리, 연노랑, 연핑크로 변한다. |
| 장미 '레이디 오브 샬럿' | *Rosa* 'Lady of Shalott' | 117쪽 참고. |
| 장미 '제임스 갤웨이' | *Rosa* 'James Galway' | 135쪽 참고. |
| 장미 '스트로베리 힐' | *Rosa* 'Strawberry Hill' | 135쪽 참고. |
| 장미 '올리비아 로즈 오스틴' | *Rosa* 'Olivia Rose Austin' | 117쪽 참고. |
| 장미 '에마뉘엘' | *Rosa* 'Emmanuel' | 영국 데이비드 오스틴의 관목장미. 크고 풍성한 꽃을 피운다. 꽃은 연한 살구색, 테두리는 크림색이다. 전정은 여름에 하는 것이 좋다. |
| 매실나무 | *Prunus mume* | 이른 봄, 잎보다 꽃(매화)이 먼저 피는 나무다. 키우기 어렵지 않고, 수확한 매실은 식재료로 쓴다. |
| 장미 '더 제너러스 가드너' | *Rosa* 'The Generous Gardener' | 영국 데이비드 오스틴의 덩굴·관목 장미. 풍성하고 아름다운 컵을 가진 연분홍 장미다. 사향과 몰약 향이 난다. 주로 울타리 장미로 쓴다. |
| 장미 '맬번 힐즈' | *Rosa* 'Malvern Hills' | 영국 데이비드 오스틴의 덩굴장미. 상큼한 연노란색의 자그마한 겹꽃이 한가득 핀다. 아치와 벽에 유인해서 연노랑 물결을 즐겨보길. |
| 클레마티스 '도로시 월턴' | *Clematis* 'Guernsey Cream' | 진한 보라색의 큰 별 모양 화형이 아름다운 덩굴식물. 장미와 함께 벽이나 울타리에 올리면 환상적인 풍경을 만날 수 있다. |
| 장미 '메리 로즈' | *Rosa* 'Mary Rose' | 영국 데이비드 오스틴의 관목장미. 꽃은 크고 진한 핑크빛이며 향이 좋다. 가장 먼저 피는 장미 중 하나로, 연속개화성도 좋다. |

| 이름 | 학명 또는 품종명 | 참고 |
| --- | --- | --- |
| 장미 '골든 셀리브레이션' | *Rosa* 'Golden Celebration' | 영국 데이비드 오스틴의 관목장미. 굉장히 크고 겹이 많은 황금빛 꽃이 핀다. 연속개화성도 좋고, 과일 향이 난다. 다만 잎에 흑점이 잘 생기는 편이다. |
| 장미 '피아노'(해피피아노) | *Rosa* 'Piano' | 33쪽 참고. |
| 장미 '자르댕 드 프랑스' | *Rosa* 'Jardin de France' | 114쪽 참고. |
| 장미 '레오나르도 다빈치' | *Rosa* 'Leonardo da Vinci' | 116쪽 참고. |
| 장미 '라 빌라 코타' | *Rosa* 'La Villa Cotta' | 독일 코르데스의 관목장미로, 수세가 좋아 크게 자란다. 무엇보다 핑크색과 주황색이 섞여서 피는 독특하고 화려한 색감의 장미다. 연속개화성도 좋고, 병충해에 강해 장미를 처음 키운다면 추천한다. |
| 장미 '노발리스' | *Rosa* 'Novalis' | 71쪽 참고. |
| 장미 '퀸 오브 스웨덴' (크리스티나) | *Rosa* 'Queen of Sweden' | 116쪽 참고. |
| 장미 '헤르초긴 크리스티아나' | *Rosa* 'Herzogin Christiana' | 91쪽 참고. |
| 장미 '안젤라' | *Rosa* 'Angela' | 32쪽 참고. |
| 샤스타데이지 | *Leucanthemum × superbum* | 34쪽 참고. |
| 로키향나무 '스카이로켓' | *Juniperus scopulorum* 'Skyrocket' | 71쪽 참고. |
| 장미 '더 필그림' | *Rosa* 'The Pilgrim' | 영국 데이비드 오스틴의 연노란색 덩굴장미다. 한 송이에 140장 넘는 꽃잎으로 이루어진 풍성한 겹꽃이다. 꽃심은 진한 노란색이며, 가장자리로 갈수록 크림색으로 옅어진다. 차향이 섞인 짙은 향이 나며, 매우 튼튼한 편이다. |
| 장미 '세인트 스위든' | *Rosa* 'St. Swithun' | 영국 데이비드 오스틴의 덩굴장미다. 살구빛에서 핑크빛으로 변하는 탐스러운 꽃송이가 아름다워 인기 있다. 꽃잎이 200장 정도 되어서 빽빽하다. 내한성이 좋은 편이고, 아담하게 키울 수도 있다. |

# *May, spring*

2024년 5월 ▶ 경기도 양평군 ▶ 대지 150평

# 세림의 정원

사람은 누구나 취향이 있다. 취향이 없는 것조차도 취향이라고 생각한다. 그중에서도 집은 한 사람의 취향을 알 수 있는 가장 은밀한 곳이다. 정원은 어떨까? 세림의 정원 지기 세림 씨는 부모님과 함께 양평의 한 주택단지에 산다. 산 옆으로 자리 잡은 땅에서 해가 잘 들고 좋은 자리는 부모님이 키우는 과실수와 텃밭식물이 이미 차지했고, 세림 씨는 나머지 땅에 야금야금 사랑하는 초화를 심었다. 겨우 쟁취한 땅에서 그는 은색과 흰색, 파스텔톤 식물로 재밌는 놀이를 시작했다.

# 세림의 정원 평면도

도라지
포도
베르가못
접시꽃
캄파눌라
창고
장미 '안젤라'
단풍나무
방아풀
베르바스쿰
펜넬 '브론즈'
수도
부모님 영역
오가피나무
아미
수레국화
장미 '보니'
단풍나무
자두나무
장미 '노티카'
델피니움
세림의 영역
체꽃
장미 '다프네'
텃밭
페튜니아
토끼꼬리풀
코튼라벤더
블루베리
대추나무
디디스커스
램스이어
장미 '로알드달'
사과나무
하설초
찔레꽃
텃밭
팬지
아스파라거스
남천
배롱나무
영산홍
장미 '제프 해밀턴'
바위
토끼꼬리풀
일본조팝
금어초
부들레야
화살나무
블루베리
런어웨이 브라이드
뉴룩
수국
하설초
팬지
불로화
뉴룩
나무수국
아스틸베
아스틸베
뒷문
계단
라일락
호스타

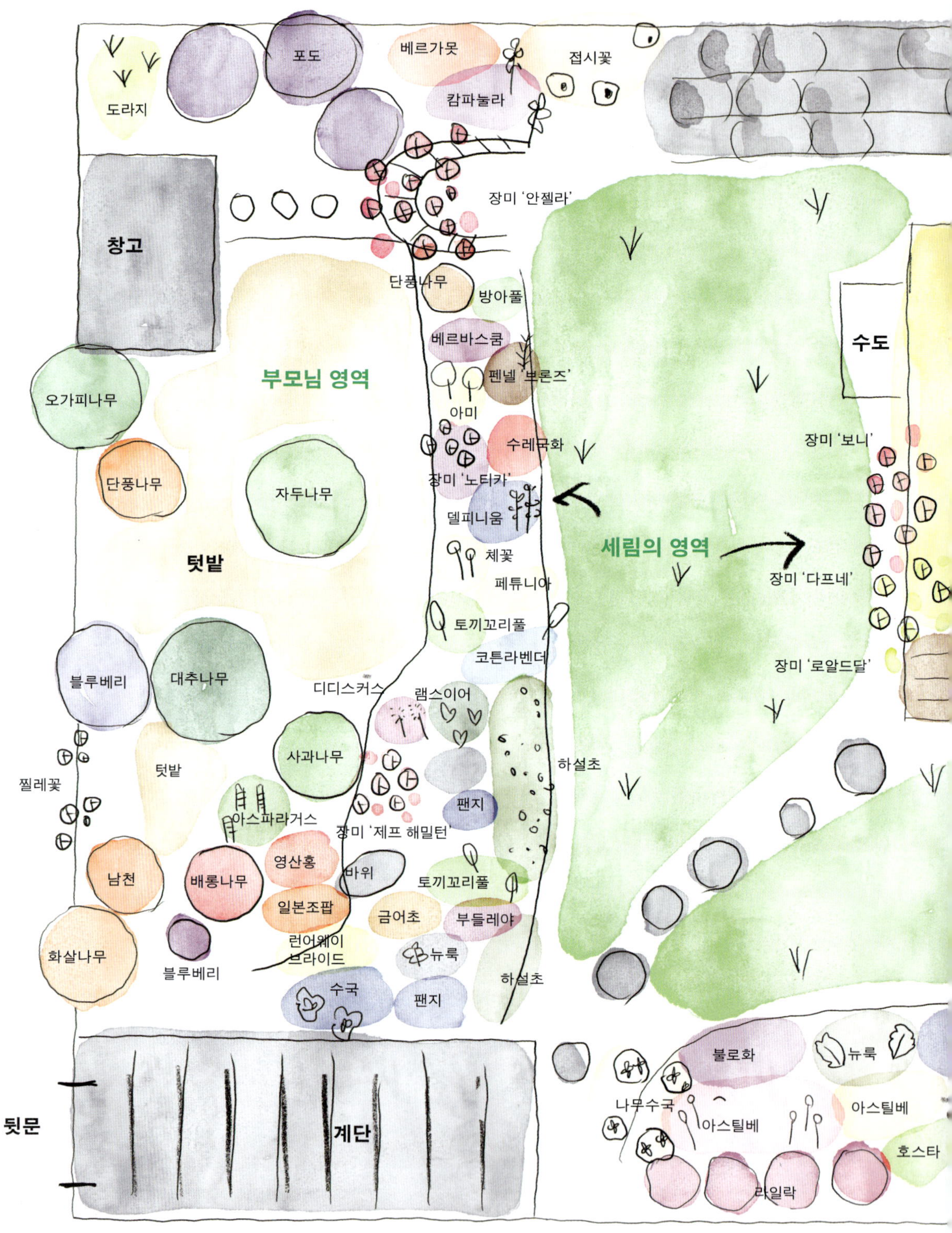

옹벽
찔레꽃
오갈피나무
장독대
앵두나무
할미꽃
무릇
밥티시아
찔레꽃
세림과
부모님
영역
백일홍
집
네페타
보리수나무
수도
아미
스위트피
데크
문빔
아스틸베
가제보
휴케라
세림의 영역
플록스
디바리카타
주차장으로 가는 계단
뉴룩
아르메리아
작약
아스틸베
금어초
은방울꽃
라일락
나무수국
장미 '까미유'
옥매화

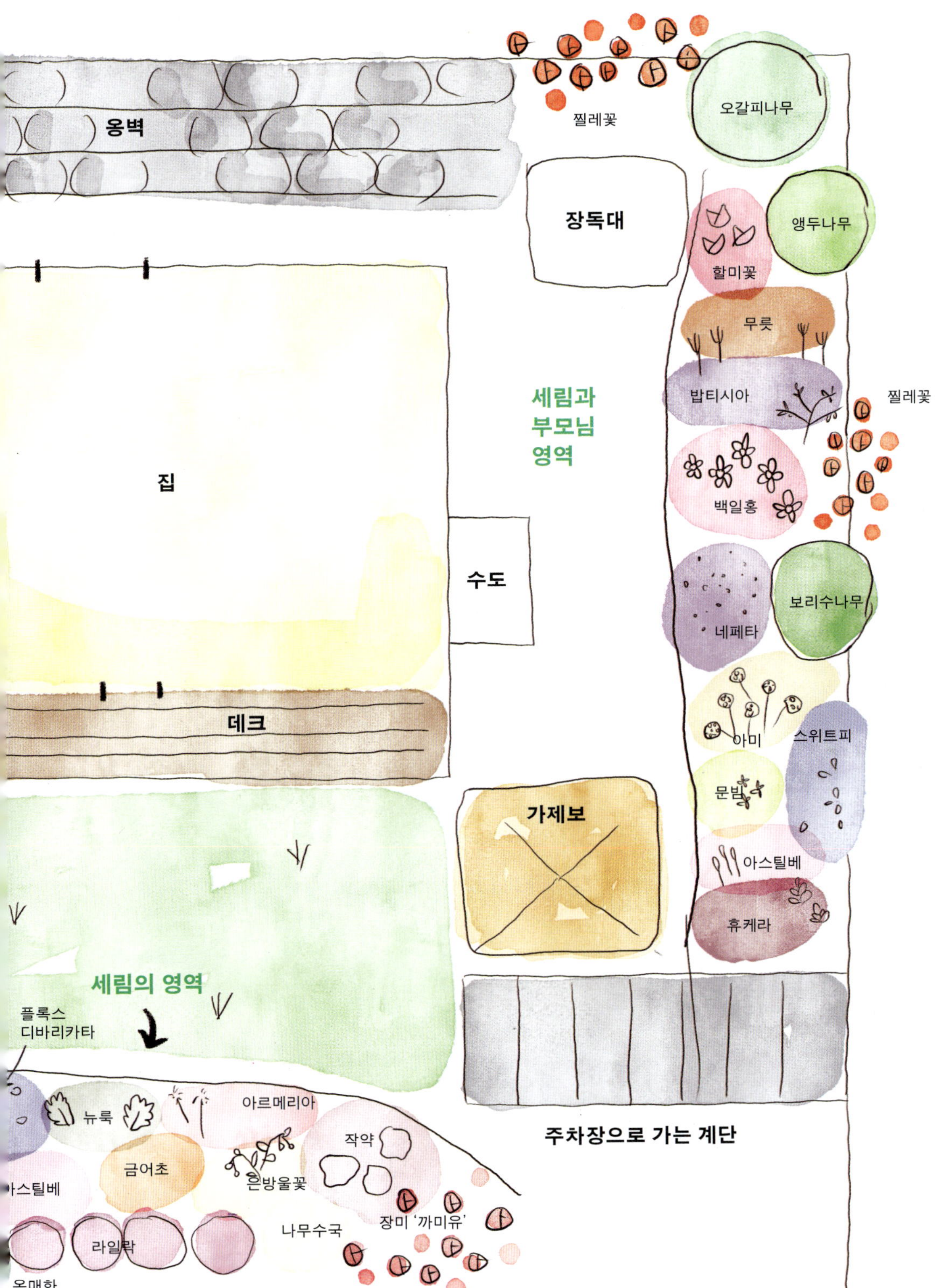

319

파스텔톤 식물 뒤로 보이는 사과나무.

**희영  정원은 가꾼 지 얼마나 됐어요?**

이 집으로 이사 온 지는 8년이 다 되었고, 정원을 가꾼 지는 6년 정도 됐어요.

**희영  부모님과 함께 살고 있죠?**

네. 그래서 지금 정원에는 저의 취향과 부모님의 취향이 섞여 있어요. 개인적으로
매우 아쉽지만, 땅에 대한 저의 지분이 적어서 어쩔 수 없습니다.

남향으로 자리 잡은 주택 오른쪽으로 산과 맞닿아 있는 너른 공간이 보인다.
그곳에는 한눈에 봐도 보통 솜씨가 아닌 것 같은 부모님의 정갈한 텃밭이
보인다. 텃밭 주위에 있는 여러 과실수 또한 부지런한 부모님이 잘 관리한 태가
난다. 부모님의 텃밭 가장자리를 따라 길게 세림 씨의 화단이 있다. 여리여리한
색감으로 가득해 절로 감탄이 나오는 그의 화단은 부모님의 텃밭과 의외로 잘
어울린다. 의외로가 아니라 정말 잘 어울린다.

화단 방향은 서향이에요. 집에 가려서 오후가 돼야 햇빛이 들어와요. 햇빛이 좋은
자리엔 부모님이 먹을 걸 심어야 하니 안 된다고 해서 저는 집 둘레로 요(凹)자 로
잔디를 파서 화단을 만들겠다고 했어요.

**희영  아, 그렇게 나뉜 거군요. 가장 왼쪽에 하얀 꽃이 보이네요.**

덩굴 형태의 런어웨이 브라이드 수국이에요. 작년에 심어서 월동하고 지금 꽃이
피고 있어요.

**희영  런어웨이 브라이드 뒤로는 붉은 조팝이 있네요.**

이런 게 바로 아빠의 식물이에요. 아빠는 붉은 포인트가 들어간 꽃을 좋아해요.
뒤쪽에 영산홍도 부모님이 심은 거거든요. 지금은 꽃이 져서 그나마 다행이에요.
(웃음) 저는 은엽들이 좋아요. 백묘국 중 뉴룩이라는 식물도 제 화단에
있어요. 제가 드라이플라워도 배우고 있어서 재료로 많이 써요. 백묘국 같은
더스티밀러가 없으면 제 정원은 제가 원하는 분위기가 안 났을 거예요. 처음에는
모종을 구해다가 심었는데, 요즘은 씨를 파종해서 심고 있어요. 양평처럼 추운
곳이 아니면 월동도 되고요.

세림 씨의 말처럼 그가 가장 좋아하는 더스티밀러가 없다고 상상하니 정원 특유의 분위기가 사라지는 듯했다.


**희영  흰색 버베나와 비슷하게 생긴 식물은 '하설초'라고도 불리는 우단점나도나물이죠?**

맞아요. 하설초의 장점은 공간을 잔잔하게 채워준다는 거예요. 월동도 잘 하고, 아무 데나 잘 번져서 좋더라고요.

**희영  하설초가 월동을 하는군요.**

하설초는 월동은 문제가 안 되고 과습이 문제예요. 은엽들이 대체로 과습에 약하더라고요. 여름만 잘 나면 월동은 쉬울 수 있어요.

**희영  그러면 이 정원은 물빠짐이 좋은 땅인가요?**

네. 저희 집은 처음에 이사 올 때부터 완전 마사토였어요. 물 빠짐이 좋은 흙이라 제가 좋아하는 은엽 같은 식물을 식재하기는 좋았죠. 하지만 텃밭으로 가꾸기에는 척박했어요. 그래서 부모님의 식물을 키울 땅은 흙갈이를 여러 번해서 기름지게 만들었어요.


다른 화단에는 살랑살랑 강아지풀 닮은 토끼꼬리풀, 디디스커스(정명은 트라키메네 코이룰레아), 팬지가 보였다. 그리고 '세림의 정원'의 상징이라고 할 수 있는 금어초가 포착됐다.


**희영  금어초 자랑 좀 해주세요.**

금어초는 일단 개화기간이 굉장히 길어요. 잘라주면 또 나오고 또 나오고 하거든요. 남부지방에서는 월동도 가능하고, 식용으로도 사용할 수 있어요. 정원 가꾸는 사람 티를 내고 싶다면 샐러드 만들 때 팬지나 금어초를 얹어보세요. 특별한 맛은 없지만, 그냥 기분으로 먹는 거죠. (웃음)

**희영  그 옆에 있는 금어초는 또 다른 색이네요. 색감이 정말 고와요.**

이건 샹티이 라이트 살몬이라는 금어초예요. 제가 이 색을 정말 좋아해서 이 금어초를 본 순간 반하게 됐어요.

**희영  직접 파종해서 심지 않으면 특이한 색상의 식물들은 구하기 어려운 거 같아요. 꽃**

'코튼라벤더'라고 불리는 산톨리나 카마이키파리수스.

**시장에 이런 모종은 팔지 않잖아요.**

맞아요. 그래서 자꾸 파종하게 되는 거 같아요. 파종지옥, 개미지옥!

그 곁에는 은엽의 램스이어가 있다. 램스이어는 아래에 굵은 마사를 깔면 잎이
훨씬 덜 녹고 통풍도 좋아진다고 한다. 물 줄 때도 확실히 식물에 물이 덜
튄다고. 램스이어 뒤에는 제법 오동통한 만두 화형의 핑크색 장미가 보인다.

땅이 좋기도 하지만, 장미 뒤에 알프스 오토메라는 사과나무가 있는데, 아빠가
거름을 충분히 줬더니 그 거름이 다 내려와서 장미도 잘 크고 있어요. 사실 이
장미를 올리비아 로즈 오스틴으로 알고 심었는데, 아무래도 오배송 같아요. 다른
분들이 키운 사진을 보니까 고개를 푹 숙인다고 하는데, 색감도 그렇고, 하늘을
바라보는 것도 그렇고, 제프 해밀턴 같아요.

이제 정원의 나머지 반을 볼 차례다. 토분에 심어 화단 사이에 놓은 은엽
허브와 파란색 식물이 더해진 화단 색감이 조화롭다.

이건 코튼라벤더(정명 산톨리나 카마이키파리수스)인데 겨울엔 집으로 들여서
겨울을 나게 해요. 얘도 은엽답게 과습에 약해서 화분 위에 마사를 올려줬어요.

뒷문으로 향하는 계단 근처에 있는 이 정원은 절제된 색 사용이 돋보인다.
팬지도 흰색, 사피니아마저도 흰색이다. 갑자기 메이 엄마와 나의 오색찬란한
사파니아 쇼핑 목록이 떠올랐다.

**희영** **어쩜 장미도 화단에 있는 다른 식물들과 잘 어울리는 색을 골라 심었는지. 이
보라색 장미는 이름이 뭐예요?**

이건 독일 장미 노티카예요. 2년 차인데 플로리분다 계열의 장미로 꽃이 엄청
맺혀요.

플로리분다는 장미의 수형에 따른 종류로, 한 가지에 큰 꽃이 하나씩
피는 하이브리드 티(Hybrid Tea)와 달리 한 가지에 여러 꽃송이가 모여 피는
다화성 장미를 말한다. 유명한 덩굴장미인 안젤라도 바로 이 플로리분다
계열의 장미로, 꽃 크기는 작지만 한 가지에 다글다글 피어난다. 관목이면서
플로리다분다 형태인 장미는 처음 봤다. 플로리분다 계열의 장미는 대부분
덩굴장미인데 말이다.

**희영 '세림의 정원'은 멀리서 여러 식물이 함께 있는 모습을 보는 게 참 즐겁네요. 색도
조화롭고 몽글몽글해요.**

올해는 제가 계획했던 것보다 색이 더 들어가긴 했지만, '뭐 이럴 때도 있는 거지'
하고 있어요. 과실수가 있으면 노티카 장미처럼 좋은 점도 있지만, 고민이 생길
때도 있어요. 예를 들면 자두나무 아래는 그늘이 많이 져요. 자두도 먹어야겠고,
꽃도 심어야겠고……. 그래서 반그늘에서 좀 강한 델피니움을 키워봤어요.
예상보다 훨씬 짱짱하더라고요. 반그늘 화단이라면 델피니움을 심어보세요.
파종은 장마 끝나고 바로 직파하면 오히려 쉬울 수 있어요. 그러면 저온 처리를
한다거나 겨울에 보온해줄 필요 없이 간단해요.

텃밭으로 들어가는 입구에 커다란 아치가 놓여 있다. 아치 오른쪽에는 안젤라
장미가 탐스럽고 힘차게 아치를 타고 올라가는 중이다. 그런데 아치 왼쪽은
장미가 아니다.

**희영 아치 왼쪽은 방아랑 단풍이랑 친구하고 있네요.**

이것도 부모님 스타일이에요. 저는 여기에 장미만 올리면 좋겠지만, 이렇게
취향이 다릅니다. 저희 집은 누구든 먼저 자리를 찜해야 이기는 거 같아요. 먼저
심어버려야 하는 거죠. (웃음)

이 부분이 바로 이 정원의 정체성을 보여준다. 부모님과 세림 씨의 취향이
혼재된 '세림의 정원'.

**희영** 안젤라 옆은 사과나무죠?

저건 부사인데, 부모님이 자꾸 제 식물 옆으로 땅따먹기를 하십니다.

**희영** 그럼 얼른 부사 옆에 다른 걸 심으세요!

베어 버리고 다른 꽃을 심고 싶은데, 저도 사과는 먹어야 하기 때문에 두고 보고
있어요.

**희영** 과실수가 키우기 힘든데 부모님이 잘 키우시나 봐요.

과실수를 좋아하세요.

**희영** 좋아해도 잘 키우는 분들이 많지 않거든요. 정성이 많이 들어가니까요.

텃밭 앞 화단을 둘러보고 뒤를 돌아보니 건물 옆으로 장미를 심은 화분이
가득하다. 부모님에게 텃밭 땅을 내어 드리고 남은 땅에 심은 장미일 것이다.
핑크색 플로리분다 계열의 덩굴장미 보니로 겹찔레 느낌이 있다. 그밖에도
다프네, 로알드 달 등도 화분에 심겼다.
세림의 정원은 남향 집으로 특히 서쪽으로 땅이 넓은 편이고, 동쪽으로는 긴
골목처럼 좁고 긴 형태의 화단이 있다. 그 중간에 있는 남쪽 화단 역시 남다른
감각과 아름다운 색이 어우러져 눈길을 사로잡는다. 다시 동쪽 정원으로
향한다.

**희영** 여기 핑크빛 아스틸베가 휴케라랑 같이 있는 모습이 참 아름답네요. 잘 어울려요.

휴케라가 너무 깻잎처럼 자라고 있죠? 처음에는 이 자리에 수선화를 심었는데
계속 녹더라고요. 그래서 조금 습한 걸 좋아하는 휴케라로 바꿔 심었더니 아주
잘 자라요.

이곳도 부모님과 세림 씨의 영역이 확실히 보인다. 보리수와 장독대는 부모님의
영역, 울타리에 올린 스위트피와 꽃들은 세림 씨의 영역이 틀림없다. 흰색과
버건디색이 어우러진 스위트피.

향기가 정말 좋아서 매년 이 난간에 스위트피를 심어요.

검은색 철제 울타리를 타고 오르는 스위트피.

**희영** 스위트피 덩굴 올리기가 참 좋은 장소네요. 울타리 사이에 철끈을 가로로
둘렀군요. 그래서 스위트피가 잘 타고 올라갔네요.

작년에는 아미랑 같이 펴서 제일 이뻤어요. 그래서 올해도 그렇게 하고 싶었는데,
아미 발아가 좀 늦어져서 스위트피가 혼자 먼저 폈어요. 가드닝이라는 게 매년
다르더라고요. 잘 크던 식물이 안 되기도 하고, 잘 안 되던 식물이라 기대도 안
했는데 아주 잘 자라기도 하고요. 해충도 마찬가지예요. 작년에는 이 식물이
고생했는데, 올해는 또 다른 식물이 고생하기도 하고요.

* * *

은색과 파스텔톤이 아름다운 세림의 정원을 한 바퀴 돌고 나니 뭔가 솜사탕을 먹은 듯 마음속
이 몽글몽글했다. 게다가 바리스타가 직업인 세림 씨가 차려준 브런치를 아름다운 5월의 정원
에서 먹고 있자니 달달한 솜사탕이 가슴속에서 피어나는 듯 행복했다.

촬영 내내 '부모님의 텃밭에 뺏긴 정원'을 소재로 삼아 장난스럽게 이야기했지만, 내가 보기에
이 정원은 부모님과 세림 씨의 아름다운 어울림이 있는 정원이었다. 은엽과 파스텔톤을 사랑
하는 세림 씨와 쨍한 색의 식물과 과실수를 사랑하는 부모님의 조합은, 어떻게 보면 가장 이상
적이고 흥미로운 정원이 아닐까. 나도 남편에게 정원의 한 공간을 내어줘야겠다. 물론 지금 말
고 더 큰 정원이 딸린 집으로 이사간다면.

# 세림의 정원 식물들

| 이름 | 학명 또는 품종명 | 참고 |
| --- | --- | --- |
| 수국 '런어웨이 브라이드' | *Hydrangea macrophylla* 'Runaway Bride' | 일본의 육종가 우시오 사카자키가 개발한 하이브리드 수국. 기존 수국과 달리 덩굴성으로 자란다. 새하얀 흰 꽃이 인상적이며, 꽃이 달리는 모습이 신부 화관을 닮았다고 하여 '갈란드 수국'이라고도 불린다. 반그늘에서 잘 자라고, 전국노지월동이 가능하며, 신장지에서도 꽃이 핀다. |
| 일본조팝나무 | *Spiraea japonica* | '홍조팝'이라고도 부르며, 6월에 붉은색 작은 꽃이 줄기 끝에 무리 지어 핀다. 내한성도 좋고, 여러해살이다. |
| 영산홍 | *Rhododendron indicum* | 294쪽 참고. |
| 백묘국 '뉴룩' | *Jacobaea maritima* 'New Look' | 톡톡한 은빛 잎을 가진 백묘국의 한 품종으로, 일반 백묘국과 달리 동글동글한 잎 모양이 특징이다. 정원에 은색을 넣고 싶을 때 좋다. 다만 과습은 싫어하니 주의. |
| 우단점나도나물(하설초) | *Cerastium tomentosum* | 여름에 내리는 눈이라는 뜻으로 은빛 잎도 매력적이지만 5월부터 피는 하얀 꽃도 아름답다. 전국에서 노지월동이 가능하나 과습에는 매우 약하다. |
| 토끼꼬리풀 | *Lagurus ovatus* | 이름처럼 토끼 꼬리를 닮은 귀엽고 복슬복슬한 이삭이 굉장히 귀여운 그라스다. 30센티미터 정도로 작은 크기라서 화단 앞쪽에 심는 게 좋다. |
| 트라키메네 코이룰레아 (디디스커스) | *Trachymene coerulea* | 매우 작은 푸른빛 꽃이 우산처럼 피는, 요정 같은 식물이다. 호주 출신이며, 반그늘의 습한 곳을 좋아한다. |
| 금어초 '샹티이 라이트 살몬' | *Antirrhinum majus* 'Chantilly Light Salmon' | 코랄색과 노란색이 섞인 꽃이 매우 고급스럽고 특별하다. 모종으로 파는 곳은 없어서 파종하여 키워야 한다. 실내 파종은 9~3월에 하는 것이 좋다. |
| 램스이어 | *Stachys byzantina* | 72쪽 참고. |
| 사과나무 '알프스 오토메' | *Malus domestica* 'Alps Otome' | 우리나라 정원에서 많이 키우는 미니 사과 품종이다. 일반 사과보다는 키우기가 쉽지만, 그렇다고 블루베리처럼 쉬운 건 아니다. |

| 이름 | 학명 또는 품종명 | 참고 |
| --- | --- | --- |
| 장미 '제프 해밀턴' | *Rosa* 'Geoff Hamilton' | 영국 데이비드 오스틴의 관목장미다. 따뜻한 연분홍빛 꽃이 풍성하고 아름다워서 인기가 많다. 연속개화성도 좋은 편. |
| 산톨리나 카마이키파리수스(코튼라벤더) | *Santolina chamaecyparissus* | 은빛 줄기에 난 잔털이 솜처럼 보이고 향은 라벤더와 비슷해서 코튼라벤더라 불리지만, 이름과 달리 라벤더 종류는 아니다. 빠르게 자라는 편이라 자주 잘라주는 게 좋다. 과습에 약하다. |
| 팬지 | *Viola × wittrockiana* | 90쪽 참고. |
| 페튜니아(사피니아 시리즈) | *Petunia x hybrida* (Surfinia Series) | 정원 있는 집 하면 제라늄과 함께 떠올리는 꽃이다. 나팔꽃을 닮은 꽃으로, 화분에 심어 놓으면 계속 핀다. |
| 장미 '노티카' | *Rosa* 'Nautica' | 독일 코르데스의 플로리분다 계열의 관목장미다. 병충해와 추위에 강해서 초보자가 키우기 좋다. 작은 겹꽃의 연보라색 장미가 모여 핀다. |
| 자두나무 | *Prunus salicina* | 매실나무처럼 꽃이 잎보다 먼저 핀다. 색과 종류가 많다. |
| 델피니움 | *Delphinium* spp. | 요즘 가드너들에게 인기 많은 꽃으로 긴 꽃대에 주로 파란색의 꽃들이 가득 핀다. 여름의 직사광선에 약하며, 키가 크니 쓰러지지 않게 조심해야 한다. |
| 장미 '안젤라' | *Rosa* 'Angela' | 32쪽 참고. |
| 방아풀 | *Isodon japonicus* | 깻잎과 비슷하게 생겼으며, 남부지방에서는 향신료로 쓰기도 한다. 7~9월에는 자주색 꽃이 핀다. |
| 단풍나무 | *Acer palmatum* | 220쪽 참고. |
| 장미 '보니' | Rosa 'Bonny' | 독엘 코르데스의 덩굴장미다. 매우 작은 크기의 분홍색 겹꽃이 빽빽하게 무리 지어 핀다. 특별한 향은 없으며, 연속개화성은 좋지 않은 편이다. |

| 이름 | 학명 또는 품종명 | 참고 |
| --- | --- | --- |
| 장미 '벤자민 브리튼' | *Rosa* 'Benjamin Britten' | 영국 데이비드 오스틴의 반덩굴·관목 장미다. 향이 매우 좋고, 선명한 다홍색 겹꽃이 핀다. 연속개화성이 좋고, 위로 자란다. |
| 장미 '보스코벨' | Rosa 'Boscobel' | 117쪽 참고. |
| 장미 '다프네' | *Rosa* 'Daphne' | 일본 로사 오리엔티스의 관목·덩굴 장미다. 물결치는 듯한 두꺼운 핑크색 꽃잎이 특징이며, 절화로도 오래 간다. 1.8미터까지 자라며, 연속개화성도 좋고 병충해에도 강하다. |
| 장미 '로알드 달' | *Rosa* 'Roald Dahl' | 116쪽 참고. |
| 아스틸베 | *Astilbe* spp. | 91쪽 참고. |
| 휴케라 | *Heuchera sanguinea* | 89쪽 참고. |
| 보리수나무 | *Elaeagnus umbellata* | 154쪽 참고. |
| 스위트피 | *Lathyrus odoratus* | 콩과의 덩굴식물이며, 나비를 닮은 꽃도 아름답지만, 굉장히 황홀한 향이 난다. 겨울 동안 파종해서 키워야 봄에 옮겨 심어 즐길 수 있다. |
| 아미(아미초) | *Ammi majus* | 154쪽 참고. |

October, autumn
2021년 10월 ▶ 경기도 용인시 ▶ 대지 200평 ▶

# 샤샤가든

## 용감한 정원사의 정원

처음 프로필에 있던 '우울증에 걸린 정원사'라는 문구가 그저 위트 있는 자기소개인 줄로만 알았다. 하지만 만나서 이야기를 들어보니, 아파트에 살 때는 심한 우울증으로 자신도 모르게 베란다에 서 있는 일이 종종 있었다고 한다. 어찌나 아찔하던지! 그런 그가 마당 딸린 주택으로 이사 온이후, 땅을 뒤엎고 흙을 만지며 나무를 자르는 정원 일에 전념했다. 오롯이 정원에서 몸을 움직이고 햇빛을 쬐며 집중하는 동안 어느새 마음이 아주 편해졌다고 한다. 그에게 정원은 어떤 의미일까?

# 샤샤가든 평면도

프레리 파이어
헬레보루스
스마라크트
가우라
매실나무
수도
모로윗사초
낚시귀리
클레마티스
장미 '클레어 오스틴'
데크
집
선룸
수국
추명국
휴케라
블루엔젤
분꽃
바닐라 프레이즈
라임라이브
안개나무
세잎꿩의비름
마취목
벽돌 데크
자주천인국
국화
리틀 라임
리틀 라임
호스타
보리수나무
루브럼
설구화
잔디
장미
스마라크트
남천
나무수국
국화
루브럼
잉글리시라벤더
산딸나무
휴케라
옥잠화
벤치
온청가문비나무
애나벨
일년초
큰잎꿩의비름
자주목련
브루네라 마코료필라
바위
고광나무
라임라이트
장미 '라 빌라 코타'
사철나무

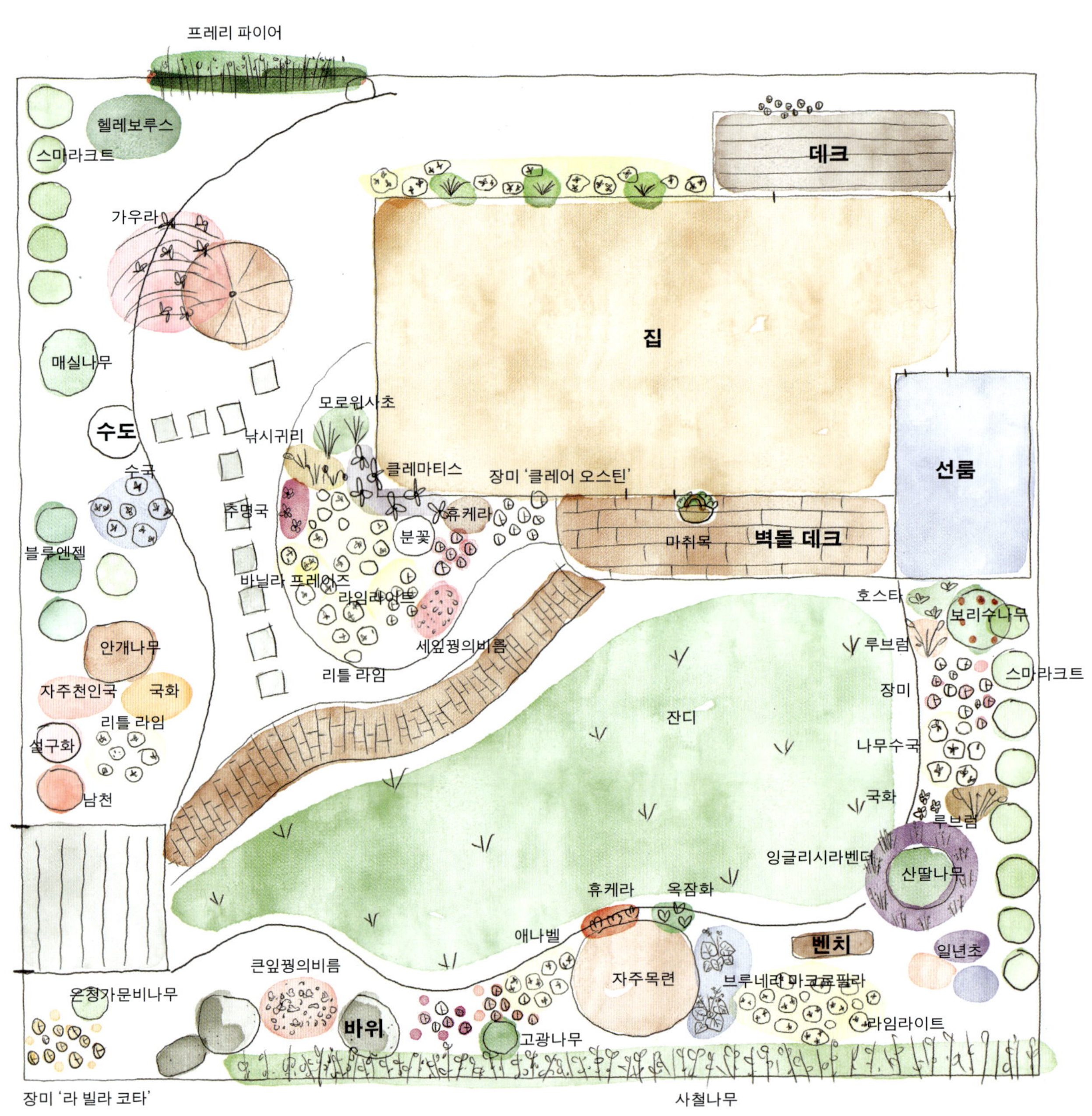

**희영  최근에 샤샤가든에 큰 변화가 있었죠?**

저희는 집을 지어서 온 게 아니라 원래 다른 분이 살던 집으로 이사를 온 거예요.
그래서 저희가 원하는 모습으로 바꿀 필요가 있었어요. 현관 양쪽으로 퍼걸러가
있었는데, 방부목으로 만든 데크가 오래돼서 썩었더라고요. 관리도 어려워서
없애는 공사를 해야겠다고 생각했어요. 그러면서 그 자리에 경계석을 세워
화단을 넓게 만들자고 계획하게 되었고요.

몇 년 사이 합성목재나 오일스테인을 칠하지 않아도 되는 새로운 재료로
데크를 만들기는 하지만, 여전히 나무 데크가 주를 이룬다. 매년 오일스테인을
칠하는 관리가 귀찮다면, 샤샤가든처럼 벽돌과 돌로 길을 내고 바닥을
만들어보자. 물론 해가 들지 않는 곳에는 이끼가 껴서 청소해줘야 한다.

**희영  집을 바라봤을 때 오른쪽 화단이 북쪽 화단이죠? 안으로 깊네요.**

북쪽 화단은 선룸 앞쪽의 불쌍한 보리수나무부터 시작이에요. 제가 보리수나무
가지치기를 엄청 했더니 사람들이 불쌍해 보인다고. (웃음) 여기는 이전보다 두 배
가까이 넓혔어요. 화단을 넓히면서 올봄 토종 산딸나무를 심었는데, 아직 앓는
중인 거 같아요. 그래도 다행히 꽃을 많이 피웠어요. 랜턴 달린 산딸나무 아래
보라색 꽃망울이 맺힌 건 모두 잉글리시라벤더예요. 허브는 물 빠짐이 좋아야
해서 산딸나무 아래 땅을 조금 높인 다음 몰아서 심었어요. 이건 월동도 해요.

잉글리시라벤더는 중부지방에서 유일하게 겨울을 나는 라벤더다.

**희영  자꾸 눈이 가는데, 매력적인 초콜릿색 그라스는 뭐예요?**

루브럼이에요. 그런데 우리나라 중부지방에서는 겨울을 못 나요. 겨울 전에
땅에서 캐서 선룸으로 가지고 들어가 겨울을 나게 하려고 해요.

**희영  국화도 있네요.**

겨울을 난 거예요. 원래 중간에 한 번 잘라줘야 했는데, 날씨 맞춰서 하려다가
결국 못 해서 올해는 이렇게 길게 자랐어요. 꽃이 피고 나서야 주황색이라는 걸

알게 됐어요. 제가 계획한 정원의 전체 모습에는 노랑, 빨강, 주황이 없었거든요.
주황색은 어쩔 수 없게 됐지만, 빨간색은 안 심으려고 노력 중이에요.

나 역시 정원에 흰색, 보라색, 핑크색 꽃 위주로 심으려고 했는데, 하나둘 심다
보니 결국에는 모든 색이 다 섞였다. 그런데 예상과 달리 다 잘 어우러져서
정원에는 촌스러운 색이란 없다는 걸 깨달았다. 가드너의 취향만 존재할 뿐.

현관 앞 화단에는 클레어 오스틴을 오벨리스크를 써서 키우고 있는데,
어버이날에 아들한테 선물로 갈취했어요. (웃음) 올해 심었는데, 키워보니 클레어
오스틴이 참 좋은 장미더라고요. 여기는 오전에만 해가 드는데도 흰 꽃을 계속
피우고, 흑점병도 별로 없고, 특히 가시가 별로 없어요. 영국 데이비드 오스틴
장미들이 모두 건강한 편인 거 같아요.

데이비드 오스틴이 본인의 딸 이름을 붙인 장미가 클레어 오스틴으로 우리
집에는 부인 이름을 딴 팻 오스틴이 있는데, 해가 부족한 곳에 어떤 장미를
심을지 고민이라면 심어볼 만한 장미다.

**희영 빈티지한 분홍 꽃이 핀, 다육이 같은 이 식물은 뭔가요?**
세잎꿩의비름이에요. 가을에 잎에 단풍이 드는데 그 모습도 아주 고와요. 하나는
땅에 심고 하나는 캐서 화분으로 옮겼어요. 월동도 잘 돼요.
**희영 유럽에서도 이걸 잘 키우더라고요. 그 옆에 바구니 같은 화분은 뭐예요?**
저 바구니 모양 화분은 과천에 있는 토분 가게에서 샀어요. 가을이라 마취목을
심었는데, 봄에는 네모필라를 심었어요. 화분과 식물을 잘 매칭하면 식물이 훨씬
돋보여요.
**희영 동의해요. 화분과 식물을 매칭하는 건 내 몸에 어울리는 옷을 찾아 입는 만큼
중요하고 즐거운 일이죠.**

전원생활을 하면 아파트에서는 누리지 못했던 공간이 탐이 나기 시작한다.

분홍색 설구화(오데마리).

비를 가리는 퍼걸러를 설치했다가 선룸이나 온실도 갖고 싶어진다. 집과 이어진
선룸은 활용도가 높아 가드너에게는 온실만큼이나 꿈의 공간이다. 샤샤가든은
선룸에 접이식 문(일명 폴딩 도어)을 달아 활짝 열었을 때 개방감도 고려했다.
선룸에서 보는 정원이 아름답다.

**희영  이 선룸도 이사 와서 만든 거죠?**
네. 여기도 원래 데크가 있던 곳인데, 데크가 썩어서 바닥 기초 공사를 다시 하고
타일을 깔았어요. 개방감을 주고 싶어서 접이식 문도 설치했고요. 난방 시설을
시공하지 않은 대신 온도가 너무 떨어지지 않도록 필요하면 등유 난로를 피워요.

동쪽으로는 나무수국이 많다. 대부분 라임라이트으로 작년에 심어서 뿌리가
커졌다고.

꽃이 피기 전 5~6월에 가지치기를 살짝 하면 꽃이 조금 늦게 피면서 오랫동안
유지가 된다고 하더라고요. 그래서 내년엔 한 그루만 실험적으로 해보려고 해요.
휴케라와 옥잠화도 있는데, 아시다시피 옥잠화는 반양지·반음지 식물이라 저희
집 정원에는 해가 없는 곳을 찾기 힘들어서 수국 그늘을 빌렸어요. 못 자라면
다른 곳에 옮기려고요.
**희영  저희 집 정원도 모두 양지라서 반양지 식물은 심을 때마다 자리를 찾게
되더라고요. 옥잠화 옆은 호스타인가요?**
아니요. 브루네라 마크로필라예요. 어디에서 잘 자라는지 보려고 세 개로 나눠서
여기저기 심었어요.
**희영  타샤 할머니도 처음 심는 식물은 환경이 다른 세 곳에 나눠 심은 다음, 다음
해부터는 세 곳 중에 가장 잘 자라는 곳에 몰아서 심었다고 하잖아요. 처음 심는 식물은
집중 관찰 기간이 필요한 거 같아요. 바위 사이에 큰잎꿩의비름도 있네요.**
네. 꿩의비름도 종류가 많아요. 키워보니 큰잎꿩의비름은 무조건 직사광선이어야
하더라고요. 조금만 빛이 부족해도 잎이 무르고 병이 나요. 반면 겨울을 정말 잘
나고, 성장도 빨라요. 작년에 15센티미터 너비의 작은 모종을 심었는데, 1년 만에

50센티미터 너비로 커졌어요. 가을에는 장미나 블루엔젤, 설구화(오데마리) 등이
안 피지만, 대신 분홍색 큰잎꿩의비름이 펴서 화사한 느낌을 줘요.

처음 정원을 가꿀 때 수국 종류가 헷갈려서 공부하고 정리했었다. 우리가
제주도에서 흔히 보는 푸른 꽃의 수국과 나무수국은 다르다. 나무수국은
관목 형태로 자라며 겨울 추위에 강하고 키우기가 쉽다. 봄에 흰 꽃으로 펴서
가을에 붉게 물드는 바로 그 나무다. 요즘엔 종류도 참 많아졌다. 라임라이트도
나무수국의 한 종류이며 덩치도 크고 개화력도 좋아 한 주만 있어도 존재감이
있다.

**희영** 남쪽 화단은 찻길과 붙어 있네요. 울타리 쪽에 쪼르르 심은 푸른빛이 도는
침엽수는 뭐예요?

블루엔젤인데, 차폐 역할로 딱 맞아요.

**희영** 많이 키우는 스카이로켓이랑 다른 종류인가요?

스카이로켓이 블루엔젤보다 폭이 더 좁아요. 블루엔젤은 사계절 초록잎을 즐길 수 있는 상록수인데, 새잎이 올라올 때 은빛을 띠어서 근사해요. 겨울엔 생장을 멈추니까 잎은 더 초록색이고요. 이런 침엽수 종류들이 얼핏 보면 모두 외목대로 보이지만, 아닌 것들도 있어요. 외목대가 아니면 키가 크는 대신 품이 커지거든요. 그래서 수형을 잘 보고 외목대인지 아닌지 확인한 후 사야 해요.

**희영** 오른쪽에 있는 세 개의 침엽수는 또 다른 종류네요. 이건 뭔가요?

서양측백인 스마라크트예요. 흔히 '에메랄드 그린'이라고 하죠. 처음에 1.8미터 정도인 작은 묘목이었는데, 겨울을 화분에서 나고 그다음 해에 땅으로 옮겨 심더니 훌쩍 컸어요.

요즘 집 경계에 블루엔젤, 스카이로켓, 블루 애로우 등
침엽수를 흔히 심는데, 서로 다른 색의 침엽수를 심으면
단조롭거나 답답해 보이는 느낌을 해소할 수 있다.
동쪽 화단에도 라임라이트가 있었는데, 집 앞 화단에도
여기저기 나무수국이 꽤 보인다.

키가 작고 라임색으로 꽃이 핀 건 리틀 라임이라는
나무수국이에요. 라임라이트보다 작고 키도 많이 안 자라요.
그 뒤쪽에 있는 수국 중 앞에 있는 두 주가 바닐라 프레이즈고,
그 뒤엔 라임라이트예요. 바닐라 프레이즈는 처음에 흰색으로
폈다가 꽃의 아래부터 분홍색으로 물들어서 올라와요.

**희영** 제 생각에 샤샤가든에서 가을인 요즘 제일 이쁜 초화는
**대상화(추명국)인 거 같아요! 추명국도 종류가 많죠?**
저는 추명국 중에서 흰색 홑 추명국이 제일 예쁘더라고요.
흰색 홑 추명국은 작년에 심은 건데, 심은 첫해는 꽃을 안
피웠어요. 그런데 올해 꽃이 피고 나니 다른 색 추명국에 비해
잎이 크고 벌레가 안 먹더라고요. 벌레들은 그 옆에 진한
핑크색 추명국을 제일 좋아해요.
**희영** 굉장히 분석적이네요. 색별로 벌레가 좋아하는 추명국도
**관찰을 하다니! 샤샤가든 하면 또 사초가 아름답죠. 저희 집에 심은**
**사초 두 가지가 바로 여기 샤샤가든에서 갖고 온 거잖아요.**
이 보리 같은 열매가 달린 사초는 낚시귀리(납작보리사초)인데
처음에는 연두색으로 열매를 맺었다가 가을이 되면
갈색으로 물들어요. 그 열매는 겨우내 볼 수 있고요. 바람에
바스락바스락 나는 소리도 참 듣기 좋죠. 관리도 어렵지
않아요. 다른 사초들처럼 2월에 뿌리 바로 위까지 시든 부분을
한 번 잘라주면 돼요. 좀 더 지나서 자르면 새순이 같이

잘리더라고요.

봄부터 가을까지 다양한 즐거움을 주던 정원은 겨울이 되면 쓸쓸해지는
경우가 종종 있다. 겨울에도 정원을 보는 재미를 채우고 싶다면 낚시귀리 같은
사초를 심어보는 것이 어떨까. 정원 중간중간에 있으면 식물들을 연결해주는
느낌도 들고, 상록 사초의 경우 생기를 더한다.

**희영 저희 집에 나눠준 이름이 어려운 그 그라스가 있네요. 프레리 파이어요.**
처음엔 하나를 사서 심었는데 그걸 열한 개로 나눠서 다시 심다가 너무 포기가
커져서 반 정도는 선물하고도 이만큼이나 남았어요. 그라스를 심어서 팔아야
하나 싶을 정도예요. 사람 머리카락 같은 그라스는 모루위 사초예요. 겨울에 잎의
색이 살짝 탁해지기는 하지만 그래도 초록이에요. 봄이 되면 잘라줘야 하고요.

프레리 파이어는 이름처럼 가을이 되면 잎끝이 빨개지는데, 겨울에 이삭이랑
같이 잘라서 화병에 꽂으면 근사하다고 한다.

**희영 정원을 만든다는 게 식물을 심는 것도 중요하지만, 전체적인 레이아웃과 구성도
중요하잖아요. 화단 경계라거나 정원 바닥 처리 같은.**
정원 바닥은 제가 직접 작업했어요. 정사각형 모양의 화단 경계석은 사구석이라고
하는데, 가로, 세로, 높이 모두 10센티미터로 맞췄어요. 그러고 나서 다른 쪽
화단은 돌담이랑 계단을 만들고 남은 돌을 경계석으로 썼고요. 회색도 있고,
따뜻한 베이지색도 있고. 크기와 색이 달라요.
**희영 한 가지 재료로 화단 경계를 통일하면 단정해 보이지만, 재료가 다양하니까 풍성해
보여서 좋네요. 그나저나 화단이 전체적으로 곡선이에요. 커브를 참 잘 만들었어요.**
한 다섯 번은 고쳤나봐요.
**희영 화단 바닥은 마사를 깐 거죠?**
네. 방초포를 먼저 깔고 그 위에 마사토를 깔았어요. 반드시 세척 마사토를
깔아야 잡초가 덜 올라오고 냄새도 안 나요. 높이는 2~3센티미터로 까는 게

'홍명국'이라고도 불리는 대상화.

좋은데, 저희 정원은 작은 공간임에도 10포대나 썼어요. 단점이라면 계속 유실이 되어서 수시로 깔아야 해요.

**희영**  잔디가 깔린 곳이 있고, 마사토가 깔린 곳도 있고, 경계석도 여러 모양이라 정원이 굉장히 다채로운 느낌이에요. 밑그림이 잘 그려져 있으니 어떤 식물을 심어도 근사할 수밖에 없네요.

* * *

대개 정원은 봄에 가장 화사하기 때문에 가을에는 촬영을 꺼린다. 하지만 계절마다 피는 식물이 다르듯 계절마다 정원도 각기 다른 매력을 품는다. 자신의 정원을 사랑하는 용감한 샤샤가든 지기는 촬영을 제안한 나를 선뜻 받아줬고, 영상을 봤다면 알겠지만, 크고 활발한 목소리로 자신의 정원을 소개했다.

내가 아는 가드너 중 가장 부지런한 샤샤가든 지기의 실험실인 이 정원은 이후에도 여러 번 변화를 거쳤다. 화단 사이 잔디를 없앤 뒤 화단을 여럿 만들기도 했고, 색다른 식물들을 심기도 했다. 여기에 멈추지 않고 조경 공부를 계속하여 조경디자이너 일도 시작했다. 샤샤가든 지기는 이제 우울할 시간이 없는 것처럼 보인다.

# 샤샤가든 식물들

| 이름 | 학명 또는 품종명 | 참고 |
| --- | --- | --- |
| 보리수나무 | *Elaeagnus umbellata* | 154쪽 참고. |
| 산딸나무 | *Cornus kousa* | 우리나라가 원산지인 나무로 5~6월에 하얀 꽃이 핀다. 다만, 우리가 꽃이라고 생각하는 흰색 잎은 포엽이고, 실제 꽃은 가운데 모여 있는 작은 연녹색이다. 꽃이 진 후 9~10월에는 그 자리에 작은 공 모양의 빨간 열매가 달리고, 단풍도 매우 아름답다. 정원에 심을 교목을 찾는다면 추천한다. |
| 라벤더(잉글리시라벤더) | *Lavandula angustifolia* | 153쪽 참고. |
| 자엽수크령 '루브럼' | *Pennisetum setaceum* 'Rubrum' | 그라스의 한 종류로, 짙은 자주색의 잎과 이삭이 인상적이다. 남부지방에서만 노지월동이 가능하다. |
| 국화 | *Chrysanthemum morifolium* | 113쪽 참고. |
| 장미 '클레어 오스틴' | *Rosa* 'Claire Austin' | 116쪽 참고. |
| 세잎꿩의비름 | *Hylotelephium verticillatum* | 잎이 세 장씩 돌려나는 특징 때문에 이런 이름이 붙었다. 여름부터 피는 분홍색 꽃이 아름답다. |
| 마취목 | *Pieris japonica* | 진달래과의 나무다. 잎에 독성이 있어 소나 말이 먹으면 마비 증세를 보여서 붙은 이름이다. 이른 봄에 작고 하얀 종 모양의 꽃이 주렁주렁 달린다. |
| 네모필라 | *Nemophila menziesii* | 33쪽 참고. |
| 나무수국 '라임라이트' | *Hydrangea paniculata* 'Limelight' | 180쪽 참고. |
| 휴케라 | *Heuchera sanguinea* | 89쪽 참고. |
| 옥잠화 | *Hosta plantaginea* | 비비추와 비슷하지만 흰 꽃이 핀다. 반음지 또는 음지에서 잘 자라며 습기를 좋아한다. |

| 이름 | 학명 또는 품종명 | 참고 |
| --- | --- | --- |
| 브루네라 마크로필라 | *Brunnera macrophylla* | 은빛의 커다란 잎도 멋지지만, 이른 봄에 피는 물망초와 똑닮은 꽃이 정말 아름답다. 개화기간도 길어서 꽃을 오래 즐길 수 있다. 다만 직사광선과 과습을 싫어한다. 알맞은 자리에 심으면 겨울도 잘 나고 봄부터 가을까지 정원에 풍취를 더할 수 있다. |
| 큰꿩의비름 | *Hylotelephium spectabile* | 180쪽 참고. |
| 설구화(오데마리) | *Viburnum plicatum* | 봄에 꽃이 빽빽한 큰 공처럼 풍성하게 피는 관목. 개화 후 가지치기를 하면 다음 해 더 큰 꽃을 볼 수 있다. |
| 로키향나무 '그레이 글림' (블루엔젤) | *Juniperus scopulorum* 'Gray Gleam' | 220쪽 참고. |
| 서양측백 '스마라크트' (에메랄드 그린) | *Thuja occidentalis* 'Smaragd' | 71쪽 참고. |
| 나무수국 '리틀 라임' | *Hydrangea paniculata* 'Little Lime' | 라임라이트의 왜성종이다. 키는 1~1.2미터로 큰다. 내한성이 좋아 월동을 잘한다. |
| 나무수국 '바닐라 프레이즈' | *Hydrangea paniculata* 'Vanille Fraise' | 314쪽 참고. |
| 대상화 | *Eriocapitella hupehensis* | 대표적인 가을꽃으로 겹·홑 그리고 흰색·분홍색 등 다양하다. 가을 아네모네로도 불리며, 한 번 심으면 잘 퍼지는 아름다운 가을꽃이다. |
| 낚시귀리(납작보리사초) | *Chasmanthium latifolium* | 90쪽 참고. |
| 큰개기장 '프레리 파이어' | *Panicum virgatum* 'Prairie Fire' | 붉은색 잎이 중간중간 올라오는 게 특징인 그라스. 키는 1.5미터쯤 자라며, 여름이면 작은 핑크빛 꽃이 올라와서 겨울까지 몽환적인 느낌을 즐길 수 있다. |
| 모로위사초 | *Carex morrowii* | 겨울에도 푸른 잎을 유지하는 그라스. 잎이 가늘고 부드럽다. |